身边的科学

U0171012

零食柜里的知识

丁晗 刘鹤◎编著　文娜◎绘

吉林科学技术出版社

图书在版编目（CIP）数据

零食柜里的知识 / 丁晗，刘鹤编著；文娜绘．--

长春：吉林科学技术出版社，2021.12

（身边的科学）

ISBN 978-7-5578-8437-6

Ⅰ．①零… Ⅱ．①丁… ②刘… ③文… Ⅲ．①小食品

－制作－少儿读物 Ⅳ．① TS219-49

中国版本图书馆 CIP 数据核字（2021）第 153725 号

身边的科学：零食柜里的知识

SHENBIAN DE KEXUE:LINGSHIGUI LI DE ZHISHI

编　　著	丁　晗　刘　鹤	
绘　　者	文　娜	
出 版 人	宛　霞	
责任编辑	吕东伦　石　焱	
书籍装帧	吉林省禹尧科技有限公司	
封面设计	吉林省禹尧科技有限公司	
幅面尺寸	167 mm×235 mm	
开　　本	16	
字　　数	130 千字	
页　　数	128	
印　　张	8	
印　　数	7001-12000 册	
版　　次	2021 年 12 月第 1 版	
印　　次	2024 年 3 月第 2 次印刷	

出　　版	吉林科学技术出版社
发　　行	吉林科学技术出版社
地　　址	长春市福祉大路 5788 号出版大厦 A 座
邮　　编	130118
发行部电话 / 传真	0431-81629529　81629530　81629531
	81629532　81629533　81629534
储运部电话	0431-86059116
编辑部电话	0431-81629380
印　　刷	长春百花彩印有限公司

书　　号	ISBN 978-7-5578-8437-6
定　　价	29.80 元

主要人物介绍：

奇奇是某科学小学的学生，热爱科学，善于思考。

L博士是某科学实验室的科研人员。她热爱科学，喜欢孩子。

这本书主要包括三部分内容：

第一部分
食物的制作流程。介绍食物的基本制作过程和重要环节。

第二部分
知识小贴士。提示小读者在食物制作过程中需要掌握的技巧或其中包含的科学知识。

第三部分
附录。如果在正文当中碰到了不太懂的专有名词，可以到附录中学习。

简介
每个孩子的心里都保有一份好奇。他们会问各种各样的问题，大到宇宙爆炸，小到微生物繁殖。这正体现出孩子们对科学知识的渴求。因此，我们尝试改变科普图书深奥、刻板的印象，从身边的食物和物品入手，以图文并茂的形式呈现最轻松、有趣的科普知识。

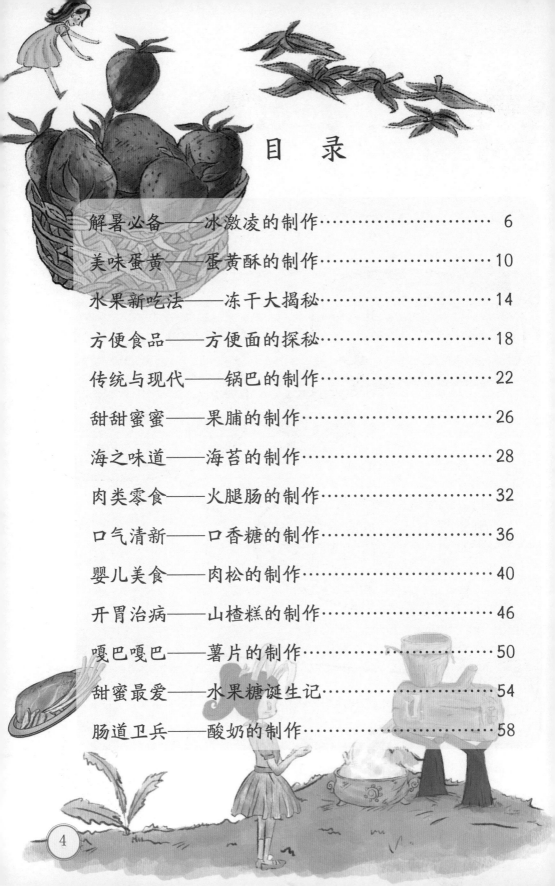

目 录

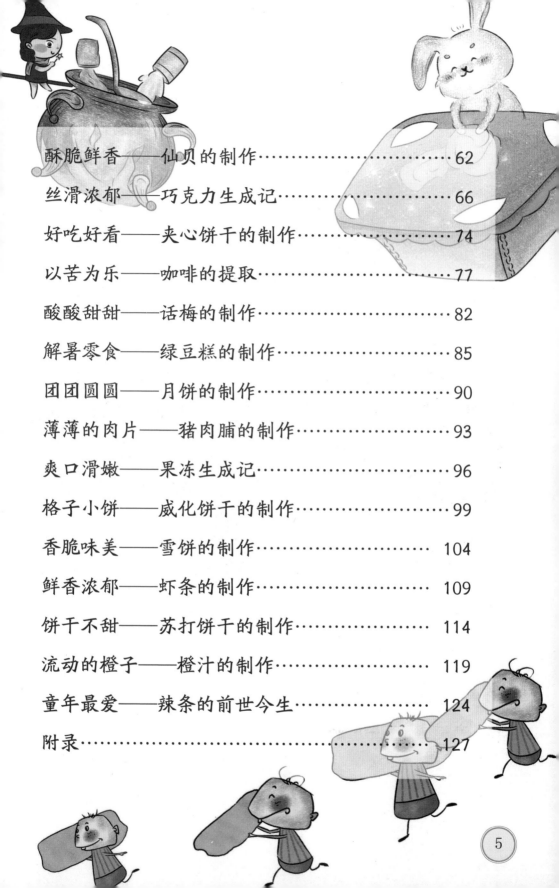

解暑必备 —— 冰激凌的制作

奇奇觉得今年的夏天格外炎热。放学回家的路上，他路过一个超市。看到窗口的冰激凌宣传海报时，他馋得口水都快流出来了。可是，他早上走得太匆忙，忘记了带零钱。唉，只能快点儿走，回家再吃了。奇奇边走边琢磨，妈妈今天会准许他吃一个还是两个呢？奇奇觉得，夏天最幸福的事情，就是有冰激凌吃。你喜欢吃冰激凌吗？一起看看冰激凌是怎么做成的吧！

原料：淡奶油、蛋黄、纯牛奶、白砂糖、柠檬汁、水果。

1. 搅拌

将蛋黄、白砂糖和柠檬汁倒入搅拌机中，搅拌至白砂糖全部溶化、蛋黄稍稍打发。

2. 加热

将纯牛奶倒入锅中加热至温热，再将第一步搅拌均匀的蛋黄液倒入锅中，小火煮开。要边煮边搅拌，防止粘锅。

3. 晾凉

将蛋奶液倒入容器中，晾至常温。

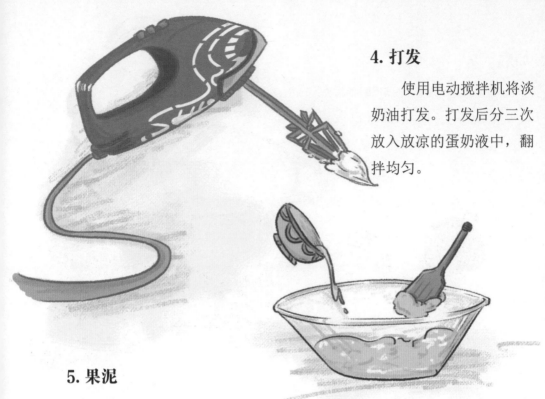

4. 打发

　　使用电动搅拌机将淡奶油打发。打发后分三次放入放凉的蛋奶液中，翻拌均匀。

5. 果泥

　　将喜欢的水果切成小块，倒入榨汁机中，打成果泥，再倒入蛋奶液中翻拌均匀。

榨汁机

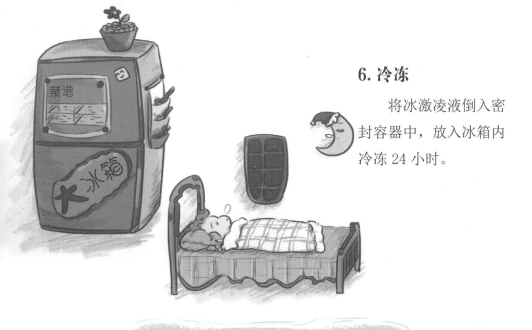

6. 冷冻

将冰激凌液倒入密封容器中，放入冰箱内冷冻 24 小时。

美味的冰激凌做好啦！快来一起品尝吧！

你知道吗？

冰激凌是一种冷冻食品，主要原材料有水、牛乳、奶粉、奶油（或植物油脂）、白砂糖等。超市售卖的冰激凌，还加入了一些食品添加剂。

冰制冷饮在我国具有悠久的历史。古时为了消暑，人们会将冬天冻结的冰放入地窖中，到了夏天再拿出来享用。唐朝末年，人们在生产火药时开采出大量硝石，发现硝石溶于水时会使水降温至结冰。从此，人们在夏天也可以制冰了。到了宋代，市场上冷饮的花样多了起来，商人们在冰水中加糖、水果或果汁等。元代的商人甚至在冰中加入果浆和牛奶，与现代的冰激凌十分相似。

美味蛋黄——蛋黄酥的制作

　　鸡蛋是奇奇每天早餐必不可少的食物之一。妈妈说，鸡蛋富含蛋白质和脂肪，既耐饿，又健脑，营养价值很高。煮鸡蛋、炒鸡蛋、蒸鸡蛋糕等，妈妈变着花样做。这天，奇奇在零食柜中，发现了一袋蛋黄酥。他想，蛋黄酥中的"蛋"应该可以替代早餐的"蛋"。妈妈会同意吗？蛋黄酥是用"蛋"做的吗？一起来看看吧！

　　原料：中筋面粉、低筋面粉、猪油、糖粉、水、红豆沙、蛋黄液、咸蛋黄、黑芝麻。

1. 称重

　　根据配方比例，使用秤称量出全部原料，摆好备用。

2. 油皮

　　将中筋面粉、猪油、糖粉和水倒入搅拌机中充分搅拌成面团，静置30分钟左右。

3. 油酥

　　将低筋面粉和猪油倒入搅拌机中充分搅拌成面团，静置 30 分钟左右。

4. 烤制

　　烤箱预热，将咸蛋黄放入烤盘内，再放入烤箱中烤制 10 分钟左右，微微出油最好。

5. 馅料

　　将红豆沙擀制成饼，将咸蛋黄包入其中，揉制成团，制成馅料。

6. 制皮

油酥和油皮按照规定称重。油酥搓成球，油皮擀平包上油酥，揉成面团。

7. 包馅

将面团分成大小相等的小剂子，然后擀平、卷起，再擀平、卷起，反复四五次后，即可包馅。包好后的蛋黄酥生坯尽量滚圆。

8. 装饰

使用刷子在蛋黄酥生坯的表面刷上蛋黄液，撒上黑芝麻。

9. 烤制

烤箱预热 2 分钟，然后将面团放入烤箱，用 180℃ 烤制 30 分钟左右。

10. 质检和包装

晾凉后的蛋黄酥就可以质检、包装啦！

你知道吗？

蛋黄酥是由面粉、猪油、咸蛋黄等原料制作而成的传统中式糕点。添加了不同原料的蛋黄酥口味也不同。

蛋黄酥的主要原料之一是猪油。猪油，也称为荤油或猪大油。它是从猪肥肉中提炼出来的油脂，为浅黄色半透明液体，熔点为 28 ～ 48℃。常温下可凝固为白色或浅黄色固体。猪油中的营养成分包括脂肪、糖类、胆固醇、维生素 A 等，营养价值很高。夏天猪油容易变质，可在炼油时加入几粒茴香，盛油时加入几颗黄豆或白糖、食盐等，搅拌均匀。这样不易变质，能保存较长时间。

猪油除了能制作蛋黄酥之外，还能做什么呢？请你想一想吧！

水果新吃法 —— 冻干大揭秘

　　周末，奇奇和妈妈一起去国际中心上美术课。奇奇上三年级了，课业越来越多，但他对美术始终保持着热爱。爸爸妈妈很支持他，所以无论多忙，周末的美术课奇奇都风雨无阻地上着。这天，他们穿过一楼的大厅时，看到了一个新的展示货架，上面是五颜六色的干水果。奇奇好奇地走了过去。售货员阿姨热情地请奇奇品尝，并说这是冻干水果，十分健康，营养丰富。奇奇的妈妈也对这种新零食的味道赞不绝口，给奇奇买了苹果干、草莓干、榴莲干和杧果干。

　　奇奇妈妈喜欢的这种冻干水果是怎么制作出来的呢？下面以草莓干为例，一起来看看吧！

原料：新鲜草莓。

1. 选果

　　挑选软硬适中、大小均匀的无腐烂、无变质的新鲜草莓。

2. 清洗

使用流水清洗掉草莓的杂质和污垢。

3. 切片

使用特制钢刀，将草莓蒂快速切掉，防止水果在空气中暴露时间过长，引发氧化。

4. 装盘

将草莓平铺到冷冻盘中。

Tips：只能放置一层，不可堆叠。

5. 冷冻

将冷冻盘放入冷冻室中冷冻。一般冷冻温度为-40℃，冷冻时间为6～8小时。

Tips：这是冻干过程的第一步，目的是将水果中的水分冻结。

6. 升华干燥

真空冷冻干燥机预冷 30 分钟后，将冻好的草莓放入。在真空状态下，分三四个阶段进行冷冻。

Tips ：这是冻干过程的第二步，目的是在真空、低温的环境中，逐步抽取冻结在水果中的水分。

7. 包装

草莓冻干取出后，即可采用真空包装，防止长时间暴露在空气中受到污染。

你知道吗？

　　冻干水果是使用真空冷冻干燥法制成的，首先将水果里面的水分冻结，然后在真空的环境下使被冻结的水分升华，从而得到干燥的水果干。现在，很多水果都可以制作水果冻干，如苹果、桃子、榴莲、杧果等。

　　干燥是保持食物不腐败变质的方法之一，如晒干、煮干、烘干等。这些干燥方法的缺点是，干燥后的食物体积缩小、质地变硬、吸水性变差，有些物质还会发生氧化。如果操作不当，还会导致食物受到污染。

　　冷冻干燥法是在食物冻结的状态下进行的，升华、干燥食物中残余的水分时，温度并不会很高。因此，这种方式制作的水果干有以下优点：

　　1. 基本保持水果中原有的营养成分。

　　2. 基本保持水果原来的形状。

　　3. 基本保持水果原来的体积和结构，不会严重萎缩。

　　4. 干燥的水果干疏松多孔，口感酥脆。

　　5. 干燥的水果干不使用防腐剂也能保存较长的时间而不变质。

方便食品 —— 方便面的探秘

　　L博士在实验室加班做实验。"咕噜咕噜"，肚子抗议般地叫着。她看看手表，已经晚上9点多，早错过了吃晚饭的时间。她从储藏柜里拿出一袋方便面，放到碗里用开水泡了一会儿，就吃了起来。科学家的生活，真是挺辛苦的！给L博士点赞！

原料：小麦面粉、棕榈油等。

1. 和面

　　将小麦面粉和水按照一定的比例，倒入和面机中搅拌均匀。

3. 切面

　　机器将面皮切割成均匀的面条，并按照一定的厚度堆叠在一起。

2. 压面

　　把面团放入压面机，压成薄薄的面皮。

8. 沥油、晾干

将面饼放入控油盒中，边沥干多余的油，边晾干。晾干之后，将面饼分装到包装袋内。

7. 油炸

将面饼放入油锅中油炸脱水。

6. 调味

在面饼上均匀地淋上调味汁。

5. 切割

蒸熟后的面条，根据一定的标准切割均匀，并放入盒中，形成面饼。

现在开始制作调料包。

4. 蒸面

将堆叠在一起的面条放入蒸箱蒸熟。

原料：食盐、糖、味精、香辛料、脱水蔬菜等。

1. 搅拌

将特定配方的原料倒入一个大桶内，搅拌均匀。

2. 分装

将搅拌均匀的调料分装到小调料包内。

3. 密封

用密封机将调料包密封。

4. 质检和包装

质检员根据国家规定，按批次抽检面饼和调料包。符合标准的产品，即可进入包装生产线，包装出售啦！

方便面的历史

　　日籍华裔安藤百福很喜欢吃拉面，但每次都要排队很久。于是他想，能不能将拉面制作成速食，在家就能吃到呢？经过反复的试验，他发明了现代方便面。后来，方便面发展出了很多口味，如红烧牛肉味、海鲜味、酸辣味等。

　　方便面在亚洲国家很受欢迎，因为很多人喜欢吃面条。不过这种食品在欧美国家却不太好卖，因为欧美人一般不喝热水，餐具也以盘子为主，没有冲泡方便面的容器。后来，一家公司发明了杯装方便面，慢慢打开了欧美市场。现在，在火车站、飞机场等地，常常能看到杯装方便面的身影。真是太方便啦！

奇奇："听妈妈说方便面没营养，是这样吗？"

L博士："方便面的面饼和调料中，包含人体所需的水、蛋白质、脂肪、糖类、矿物质和维生素等营养素，调料中的脱水蔬菜也基本保留了原有蔬菜的营养。因此，不是一点儿营养都没有。只是有些营养的含量不足。"

总之，方便面虽然美味，但不能常吃。

传统与现代 —— 锅巴的制作

这天，奇奇跟着父母来到农村的亲戚家参加婚礼。这里的厨房跟他家的不太一样，做饭的锅特别大，好像井口。这种铁锅不使用电加热，而是用木柴或秸秆等。奇奇帮忙盛饭时，发现锅底的米都煮硬了，便自作主张地想扔掉。妈妈赶紧制止他，并掰下来一块吃了起来。妈妈说这是锅巴。奇奇尝了一口，呀，味道好香！奇奇纳闷儿，超市里卖的锅巴，为什么跟这个不一样呢？超市的锅巴是怎么做成的呢？

1. 淘米

使用清水将大米淘洗3遍。

原料：大米、棕榈油、淀粉、食盐、白砂糖、香辛料。

Tips：淘米有方法！大米中的一些营养位于表层，淘米时要注意：

1. 不要使用流水和热水。

2. 不要使劲搓米。

3. 不要用水泡米，洗好后应马上下锅煮。米泡时间长了，会损失米中的维生素 B_2、蛋白质和脂肪。

淘米的注意事项

2. 煮米

将米和水按照一定的比例放入锅中煮成半熟。

3. 蒸米

半熟的米放在蒸锅中蒸熟。

4. 拌料

将棕榈油和淀粉按照一定的比例加入熟米饭中，搅拌均匀并晾凉。

5. 压片

使用压片机将米饭压成薄厚均匀的米片。

6. 切片

使用切片机将米片切割成大小均匀的正方形。

7. 油炸

将米片放入炸锅中油炸5分钟左右，捞出沥油。

8. 喷料

使用自动喷料机，趁米片有余温时喷上事先调制好的调味粉。

Tips：调味料根据不同的口味进行调制，一般都含有食盐、白砂糖、香辛料等。

9. 质检和包装

你知道吗？

传统锅巴

　　传统的锅巴是铁锅焖饭时，锅底烧焦的一层饭粒。这种锅巴带着焦香，热时食用口感酥脆，因此很多小孩儿将锅巴当零食吃。此外，锅巴煮成的锅巴粥有一种独特的米香，受到一些人的喜欢。现代家庭常用电饭煲煮饭，锅底是无法形成锅巴的。

现代锅巴

　　现代锅巴是常见于超市的袋装零食。这种锅巴的原料是大米、小米等粮食，但为了追求更好的口感，制作过程中使用了很多添加剂。L博士的建议是：零食虽好吃，但品尝要适度。

甜甜蜜蜜 —— 果脯的制作

爸爸要去超市买菜，奇奇想跟着一起去。

妈妈不同意："奇奇，你的作业还没写完呢！"

"那好吧，"奇奇不情愿地说道，"爸爸，你给我买一袋杏脯吧！""哦对，我要桃脯。"妈妈说。

妈妈和奇奇都喜欢吃的果脯是怎么做出来的呢？以杏脯为例，我们一起来看看制作流程吧！

原料：杏、亚硝酸钠、白砂糖。

1. 选料

人工挑选新鲜的杏为原料，要求肉厚质硬、色泽橙黄、大小均匀，无虫害、无霉烂、无损伤。

2. 清洗

使用清水冲洗干净。

3. 去核

用刀沿果缝切成两半，挖去果核，留下杏碗。

4. 浸硫

将杏碗立即放入 0.3% 浓度的亚硝酸钠溶液中，约半小时后捞出。

Tips：杏肉掰开后容易变色，浸硫后可保持果肉鲜艳的黄色。

5. 浸糖

分别调制 40%、50%、70% 浓度的糖液，温度为 80℃，将杏碗依次放入浸煮，时间为 1 分钟、3 分钟、15 分钟。

Tips：杏的细胞壁薄且组织细密，一次浸煮难以入味，分次浸煮味道更好。

6. 静置

将杏碗和糖液一起倒入缸内静置 24 小时。

7. 烘烤

捞出杏碗，沥干糖液，碗心向上，均匀地摆放到烘烤盘中，放入烘房中烘干。烘房的温度为 65℃，时间约 14 小时。

Tips：烘干的果肉应保留部分水分，不粘手、有弹性、半透明即可。

你知道吗？

果脯距今已有 300 多年的历史，因由蜂蜜浸制，又称为蜜饯。现在，果脯的种类繁多，如苹果脯、杏脯、桃脯等。根据产地不同，果脯分为京式、苏式、广式、闽式、川式等。果脯中含量最多的是糖，最高可达 35% 以上。这些糖中含有大量转化糖，易被人体吸收利用。果脯中还含有丰富的果酸、矿物质和维生素 C 等营养物质，营养价值比较高。

海之味道 —— 海苔的制作

"妈妈，零食柜中有海苔，我们一起做包饭怎么样？再配一份紫菜蛋花汤！"奇奇最近喜欢探索零食的新吃法，比如他做的新式早餐：在酸奶中加坚果、鸡蛋碎、熟燕麦和若干蔬菜、水果，吃起来味道还不错呢！海苔和紫菜，你能分得清楚吗？一起来看看吧！

原料：红藻（我们常说的紫菜）、食用油、食盐等。

1. 采购

采购合适的紫菜，人工挑出杂质。

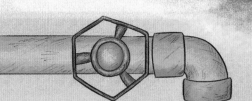

Tips：紫菜生长在海中，由渔民从海水中打捞上来。

2. 清洗

使用流水清洗紫菜。

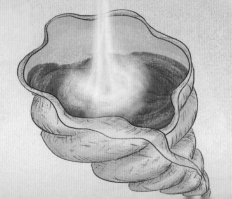

3. 烘烤

使用海苔烘烤机将紫菜烤熟。

Tips：经过一次烘烤之后的紫菜，可直接食用，一般用于食品加工（如做汤）和包饭（如紫菜包饭）。

4. 加料

使用自动加料机在烘烤后的海苔中，加入食用油、食盐等调味料。

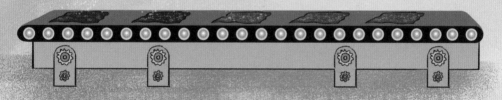

5. 二次烘烤

通过再次烘烤，紫菜就变成了海苔。

6. 分级

将海苔进行品质检验，并做好等级分类。

7. 切片

使用海苔切片机将海苔切割成固定大小的海苔片。

8. 装盒

使用传送带将海苔片均匀地装入真空透明盒中。

Tips：真空包装可以减少酥脆的海苔在运输过程中的损坏。

9. 质检

按照国家的质检标准，检验海苔中重金属等物质的含量。

重金属探测仪

芭比 海苔（C级）

芭比 海苔（D级）

芭比 海苔（A级）

芭比 海苔（特级）

芭比 海苔（B级）

10. 包装

使用包装机将海苔盒密封包装。

你知道吗？

紫菜是植物吗？

紫菜是藻类植物，含有丰富的蛋白质、膳食纤维、维生素和铁等，营养价值非常高，具有抗衰老、降血脂等作用。

海苔分成几个等级？

我国将海苔分为特、A、B、C、D（特、金、银、蓝、绿）五个等级，海苔生产企业分别使用金、银、蓝、绿色的包装，对应A、B、C、D四个等级。特等是最优等级，价格高昂，国内很少销售。我们在超市常见的是C级和D级。

请你去超市的海苔销售货架看看海苔的配料和等级吧！

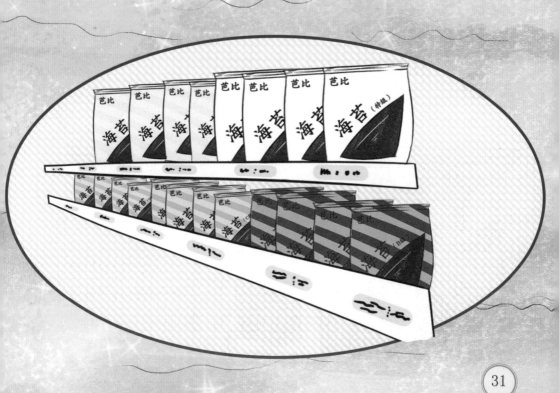

肉类零食 —— 火腿肠的制作

奇奇的爸爸是一位外科医生，有时忙起来连饭都吃不上。他的办公室里常备三样食物：方便面、火腿肠和矿泉水。爸爸说，煮方便面时加一根火腿肠，就能尝出童年的味道。奇奇想，或许是爸爸小时候经常吃，所以才记忆犹新吧。事实上，奇奇爸爸小的时候，方便面和火腿肠都是很难得的食物。那么，火腿肠是怎么做成的呢？一起来看看吧！

原料：猪肉、食盐、白砂糖、多聚磷酸钠、异 VC 钠、亚硝酸钠等。

1. 解冻

选用符合国家卫生标准的猪瘦肉或后腿肉，装入盆中置于解冻室解冻。

Tips：鲜肉通常直接出售，制作火腿肠一般使用冻肉。

2. 清理

去除猪肉上残留的皮、碎骨、淋巴和结缔组织。

3. 绞肉

使用绞肉机将清理好的猪肉搅碎。

4. 配料

将食盐、多聚磷酸钠、异 VC 钠、亚硝酸钠和各种调味料按照比例放入肉中。

5. 搅拌

将配好料的猪肉碎放入搅拌机中，搅拌十分钟。

6. 腌制

将猪肉碎装在容器中，置于腌制间腌制48 小时，温度为 2 ～ 6℃。

7. 斩拌

将腌制好的猪肉碎倒入搅拌机中斩拌 2 分钟后，加入白砂糖等调味料再斩拌 5 分钟。

Tips：斩拌好的肉馅有点黏哟！

8. 灌肠

使用连续真空灌肠结扎机将斩拌好的肉馅灌入红色肠衣中，并用铝线扎口。

Tips：装入的肉馅量要适中，不要过多或过少。

9. 熟制

将火腿肠放入蒸锅中蒸熟。

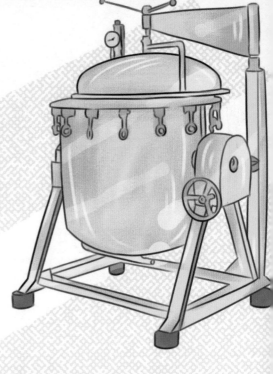

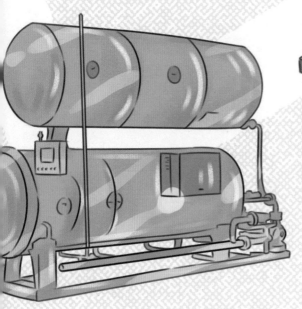

10. 杀菌

将火腿肠放入杀菌锅内杀菌。

11. 质检和包装

抽检火腿肠，符合国家各项指标要求的，就可以包装出售啦！

关于火腿肠的那些八卦

1. 火腿肠干净卫生吗?

干净卫生的检验标准是：是否含有对身体有害的细菌。根据 L 博士的实验室检验结果，几种市面上常见的正规厂家生产的火腿肠，菌落总数、大肠菌群都低于检出限，金黄色葡萄球菌、沙门氏菌、单核细胞增生李斯特氏菌三种致病菌均未检出。简言之，正规厂家生产的火腿肠中没有有害菌，可以放心食用。

2. 火腿肠有毒吗?

根据 L 博士的实验室检验结果，在几种常见的正规厂家生产的火腿肠中，检测出了重金属砷和铬。据博士推断，这是加工过程中机器接触原料导致的残留。

3. 火腿肠的添加剂多吗?

根据 L 博士的实验室检验结果，火腿肠的添加剂在 10 种以上。你可以在火腿肠的配料表中查看具体的添加剂类型。火腿肠使用的添加剂种类与薯片等零食相当。

4. 火腿肠有营养吗?

火腿肠的主材料是肉，因此主要的营养成分是蛋白质，其他的营养成分不多。

L 博士告诉你，平时要多吃肉、少吃火腿肠等肉制品，这样才更有利于健康!

口气清新——口香糖的制作

L博士执着于科研，一直没有合适的结婚对象。她的父母很着急，最近一直在为她安排相亲。今天下班，她按照父母的安排，赶往一家餐厅。刚出门不久，她又返回来了。"天哪，口香糖忘带了！"对于严谨的她来说，即便是生活中的每一个小细节，都是不可以马虎的。口香糖是怎么做成的呢？快来一起看看吧！

原料：糖粉、葡萄糖、胶基、色素、香料。

Tips:

1. 糖粉比白砂糖更加细腻，摸起来有点儿像面粉。

2. 葡萄糖十分黏稠，吃起来十分黏腻。

3. 胶基是口香糖的基本咀嚼物质，无营养、不消化、不溶于水，咬一口有点儿像塑料。

1. 捏合

将糖粉、葡萄糖和胶基按照一定的比例，倒入捏合机。机器将它们混合成类似面团的状态。

2. 加热

将混合物放入加热炉中进行加热。

3. 挤压

把加热后的混合物倒入机器中挤压成长条状。

4. 切割成型

将混合物倒入不同的切割机中，切割成不同的形状，如球形、椭圆形等。

5. 静置

将切割成型的混合物静置于一定温度和湿度的环境中，约 40 小时。

6. 调味

均匀地加入色素和香料，口香糖制作成功。

色素

香料

7. 包装

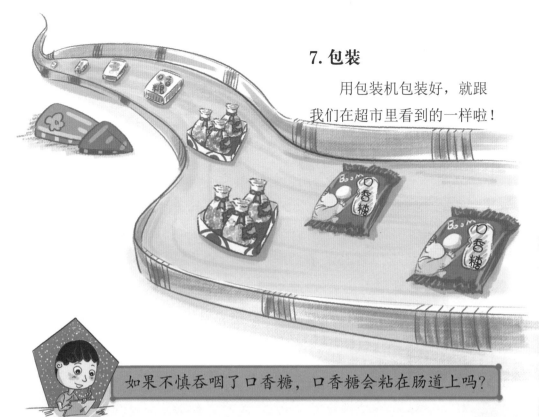

用包装机包装好，就跟我们在超市里看到的一样啦！

如果不慎吞咽了口香糖，口香糖会粘在肠道上吗？

不会的，口香糖会随着人体排出。口香糖在人的肠胃中近乎流体，胶基无法被人体吸收，因此会被排出体外。

你知道吗？

咀嚼口香糖能够清洁牙齿表面的杂质，同时还能带动面部肌肉运动。科学家研究发现，咀嚼口香糖具有提高专注力、瘦身等功效，但每次咀嚼不要超过15分钟，每天不超过三次为好。

注意：不要把咀嚼后的口香糖吐在地上或粘在衣物上，很难清除哦！

婴儿美食——肉松的制作

周末，妈妈带奇奇去小姨家看小妹妹。小妹妹快1岁了，胖乎乎的，特别可爱。奇奇跟妈妈带着送给妹妹的洋娃娃，一起来到小姨家。小姨正在给妹妹喂饭。"妹妹吃的什么呀？这么香！"奇奇看着妹妹的碗问道。妹妹边吃边拍手，还时不时发出"啊，啊"的声音。"肉松粥，妹妹特别喜欢吃！"小姨给奇奇盛了一碗，好香呀！回家的路上，奇奇央求妈妈明天给他做肉松粥。

香喷喷的肉松是怎么做成的呢？我们一起来看看吧！

原料：牛肉、白砂糖、酱油、食盐。

1. 选肉

要选择通过国家检疫检验、肉质新鲜的牛肉。

2. 精修

剔除牛肉上的碎骨、脂肪、皮、淋巴等。

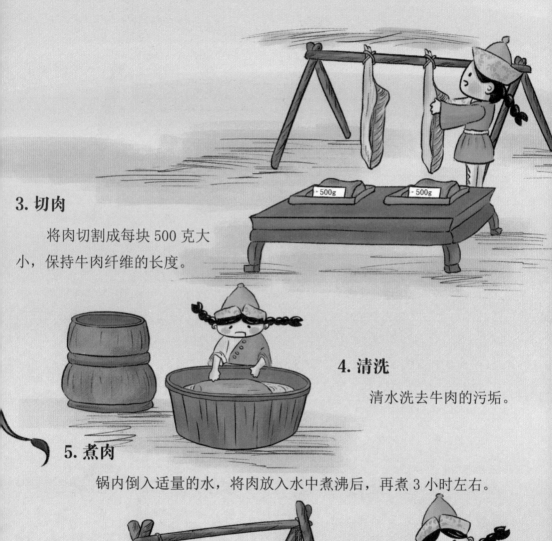

3. 切肉

将肉切割成每块 500 克大小，保持牛肉纤维的长度。

4. 清洗

清水洗去牛肉的污垢。

5. 煮肉

锅内倒入适量的水，将肉放入水中煮沸后，再煮 3 小时左右。

6. 撇油

肉煮好后，将锅内的油汤舀出，同时加适量的水，大火烧开，再次撇油。重复几次，直至油基本被撇清。

7. 加糖

将白砂糖放入肉汤内，同时翻动肉块，防止烧焦。

8. 收汤

加大火力收汤。待锅内的汤大部分蒸发后，加入酱油和食盐。

9. 烘炒

将肉放入烘炒机内。

Tips：要边烘炒边观察肉松的含水量。

10. 搓松

烘炒好的肉块放入搓松机搓松，使肉松纤维疏松。

Tips：根据肉质不同,有的需要搓一两遍,有的需要搓三遍。

11. 拣松

拣松一般有机器和人工两道程序。首先，机器通过震动的方式，将肉松中的筋头等杂质分离出来。然后，人工将混在肉松里的杂质进一步分拣出来。

12. 质检和包装

肉松的质检主要包括水分测定、含油率测定和菌数测定等项目，各项指标均符合国家要求才可以进行包装、出售。

你知道吗？

肉松保存简单、携带方便，能够较好地保持肉中的营养成分，并快速地为人体补充能量。

制作肉松的肉十分多样，有牛肉、羊肉、猪肉、鸡肉、鱼肉等。制作的原理均是去除肉中的水分，使肉中的纤维疏松。肉松是亚洲常见的小吃，在中国、蒙古国、日本、泰国、马来西亚、新加坡都很常见。

肉松保持了肉的鲜香，对于无法咀嚼肉类的幼儿和老人来说尤为适合。为了给幼儿补充营养，一些家长会将肉松磨成末状物，拌进婴儿的粥里。也有人在肉松粥中加入红糟、白糖、酱油、熟油等调味料，凉拌后食用。快跟爸爸、妈妈一起来做好吃的肉松粥吧！

肉松的家庭做法

1. 备料

准备猪后腿肉 500 克左右，糖、酱油、料酒各 1 勺，食盐 2 勺，葱、姜各适量。

2. 修理

将肉皮、肉筋剔除干净，肉切成 2 厘米的肉块。

3. 压煮

将肉和葱、姜、料酒、食盐放入高压锅中，压半小时左右。

4. 沥水

将煮熟的肉沥干水分，使用擀面杖或其他重物将其用力捶打至疏松。

5. 炒制

将肉松放入面包机或不粘锅内，加入糖、酱油，小火翻炒 20 分钟左右即可。

开胃治病 —— 山楂糕的制作

　　奇奇食欲不振有一段时间了。妈妈带他去医院检查，身体各项指标一切正常。医生建议吃点儿开胃的食品试试。奇奇放学回到家，看到桌子上摆得满满的：山楂丸（一种开胃健脾的中药丸）、山楂糕、果脯……奇奇看着红色的山楂糕，拿起一块放进嘴里，酸酸甜甜的，味道真不错！山楂糕是怎么做成的呢？一起来看看吧！

　　原料：山楂、白砂糖、柠檬酸、明矾。

1. 选果

　　选择新鲜的山楂，筛除病虫果、腐烂果。

2. 清洗

　　用清水将山楂洗干净，清除表面的泥沙、杂质。

3. 去核

使用山楂去核刀或自动去核机,去掉山楂核。

4. 搅碎

使用搅碎机将山楂搅碎。

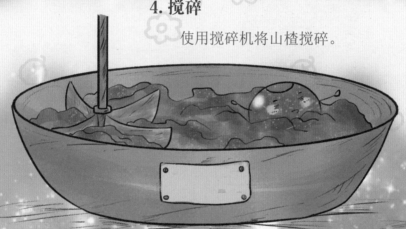

Tips : 人工切碎也可以哦!

5. 软化

将山楂碎倒入锅中,加入适量的白砂糖和水,蒸煮半小时左右。

6. 过筛

　　使用打浆机将热乎乎的山楂泥打浆过筛。此时的山楂浆十分细腻。

7. 搅拌

　　山楂浆中加入定量的柠檬酸和明矾，倒入搅拌机中搅拌均匀。

8. 成型

　　将山楂泥倒入模具中，放到冷却箱中冷却成型。

9. 质检和包装

　　抽样检查山楂糕。质量合格的，就可以包装出售啦！

山楂是我国北方山区的特产，由它制作而成的山楂糕是我国北方民间的传统小吃。清朝时，民间艺人钱文章在前人经验的基础上，进一步研发山楂糕的做法，使之口感更好，并进贡朝廷。慈禧太后品尝后大加赞赏，赐名"金糕"，此后山楂糕广为流传。

山楂糕口感酸甜爽滑，具有一定的药用价值，能够消积、化滞、行瘀。

嘎巴嘎巴——薯片的制作

"妈妈，零食柜里没有薯片了，您给我买一袋原味的、一袋烧烤味的呗？"奇奇央求妈妈。

"上周你都吃了两袋了，这周不能再吃了！零食再好吃，也要适量啊！"妈妈不答应。

如果把喜欢吃的零食排序，奇奇肯定要把薯片排在第一位。奇奇认为，薯片就是将土豆切成片、放到油锅里炸成的。薯片是这样做出来的吗？一起来看看吧！

原料：土豆、水、玉米淀粉。

1. 绞碎

使用去皮机将土豆去皮洗净，放入机器中绞碎成粉末状。

2. 拌料

土豆粉中加入一定比例的水和玉米淀粉，搅拌均匀。

3. 混合

　　传送带将拌好的土豆粉输送
到螺旋钻，使混合更加充分。

4. 压片

　　使用 4 吨重的压力机，将
土豆粉压成长长的薄片。

5. 切片

　　切片刀将薄片切成大
小相同的原片，这就是薯
片的原形啦。

Tips：余料会被回收，重新进入混合环节。

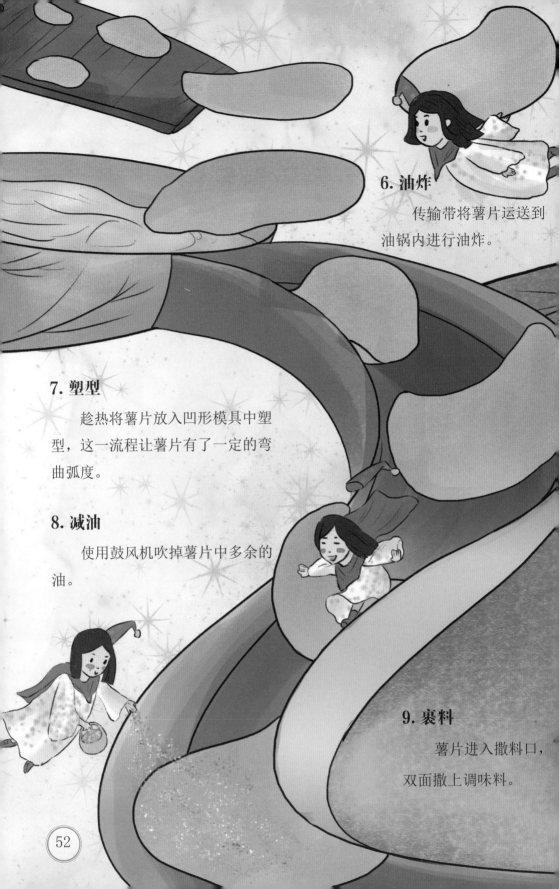

6. 油炸

传输带将薯片运送到油锅内进行油炸。

7. 塑型

趁热将薯片放入凹形模具中塑型，这一流程让薯片有了一定的弯曲弧度。

8. 减油

使用鼓风机吹掉薯片中多余的油。

9. 裹料

薯片进入撒料口，双面撒上调味料。

10. 质检

检查薯片是否完整，并抽取样本进行化验。合格产品即可包装出售了。

亲爱的公主，我为您带来了我们土豆星球的最新薯片！

新品薯片

你知道吗？

土豆又称马铃薯，因此将土豆制成的薄片叫作"薯片"。薯片称得上是"国际零食"，在许多国家的零食市场中占据了重要份额。

薯片的发明很戏剧化。一种广为流传的说法是：非裔美国人厨师乔治为富翁范德比尔特制作炸土豆，但每次范德比尔特都嫌他的土豆切得太厚。于是有一天，恼火的乔治将土豆片切得极细，炸脆后还往上面洒了大量的食盐。出乎意料的是，这一次富翁十分满意。此后，厨师乔治开始推广这种食品，并慢慢成为一种流行的零食。

甜蜜最爱——水果糖诞生记

星期六上午，奇奇和妈妈一起到农贸市场买菜。在路过一家商店时，看到门口挤满了人。奇奇好奇地挤进人群中，看到商店门前摆放着各式各样造型独特的糖果。原来，为了提前庆祝六一儿童节，商店里正在举行"缤纷糖果节"的活动。你见过的最奇特的糖果是什么样的？关于糖果，你有哪些美好的记忆呢？

你喜欢吃水果糖吗？一起来看看水果糖的制作流程吧！

原料：白砂糖（60% ~ 70%）、淀粉糖浆、水果香精、食用色素、水等。

1. 搅拌

白砂糖与淀粉糖浆加入适量的水，搅拌均匀。

Tips ：水量太少，白砂糖无法溶解；水量太多，则要增加熬糖的时间。

2. 化糖

边搅拌糖液边加热，直至沸腾。此时白砂糖与淀粉糖浆全部溶解。

Tips：溶解的糖液必须清澈透明，但时间不能太长。

3. 过滤

用特制的筛子过滤糖液中的杂质，如丝线、碎屑、沙砾等。

Tips：晶莹剔透的糖液做出来的糖，才不会硌牙哟！

4. 熬糖

熬糖是门技术活，要控制好温度，还原糖含量和浓度。熬糖的方式可采取常压熬制或真空熬制。真空熬糖更容易去除糖液中多余的水分。

5. 冷却

　　将熬到规定浓度的糖膏进行适度冷却。

6. 调味

　　将食用色素、水果香精等添加剂均匀地混入糖膏中。此时可以闻到清新的水果味儿啦！

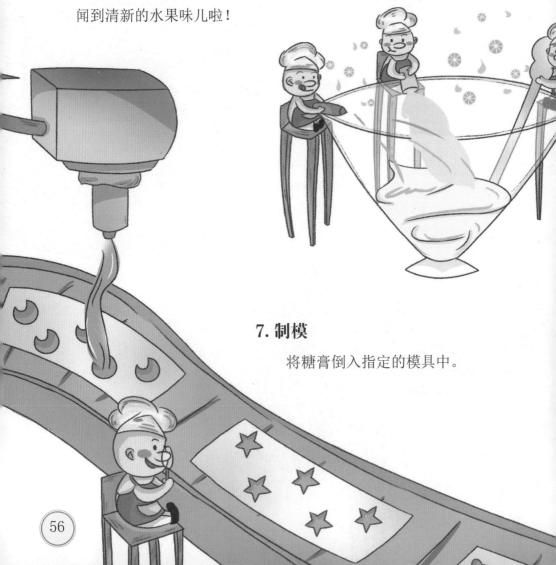

7. 制模

　　将糖膏倒入指定的模具中。

8. 定型　将一盘盘的糖膏放入冷冻室中迅速冷却定型。

9. 脱离　将水果糖从模盘中脱离出来，五颜六色，非常好看。

10. 包装　量好重量，进行包装。

Tips ：包装要及时，否则糖果会吸潮、融化。

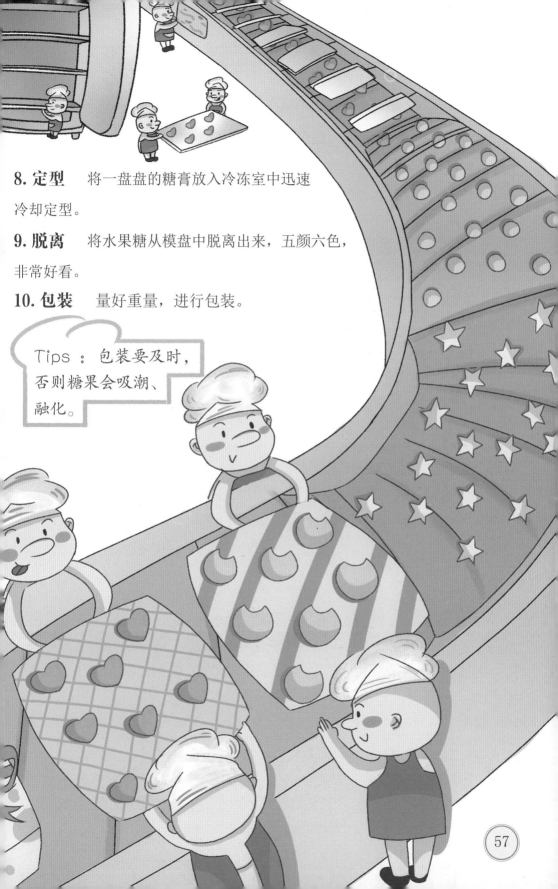

肠道卫兵 —— 酸奶的制作

　　星期六上午，奇奇和妈妈一起去超市买东西。在冷藏柜前，奇奇看到了各种各样的酸奶。他拿起了一瓶草莓味的酸奶放入购物车中。妈妈急忙制止他说："L博士说过，酸奶要冷藏保存，我们结账前再来拿吧！"

　　你知道酸奶是怎么制作出来的吗？为什么一定要放在冷藏柜中保存呢？一起来寻找答案吧！

原料：牛奶、白砂糖、奶粉、水等。

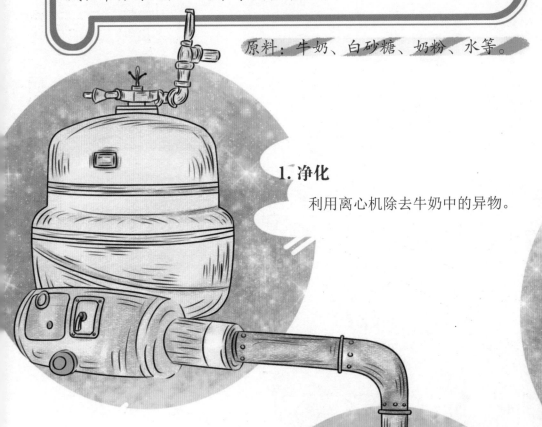

1. 净化

　　利用离心机除去牛奶中的异物。

2. 脱脂

　　使用分离机对牛奶进行脱脂，加入少量稀奶油调制，使脂肪含量标准化。

3. 配料

加入牛奶、白砂糖等配料，调节牛奶的口感。

4. 均质

将调制好的牛奶加热到60℃，放入均质机中进行均质处理。

5. 灭菌

一般采用巴氏灭菌法进行杀菌。

Tips：巴氏灭菌法亦称低温消毒法，是由法国微生物学家巴斯德发明的。这种消毒方法的优点是既能杀死病菌，又能在食物味道不变的前提下，保留营养物质。

6. 接种

灭菌牛奶的温度降至43～45℃时，加入嗜热链球菌。

7. 分装

将牛奶分装到瓶中。

8. 发酵

将分装好的牛奶放于发酵架中发酵，温度为 40 ～ 43℃，时间为 3 ～ 6 小时。此时，发酵后的牛奶变为酸奶。

9. 冷却

用冷风将酸奶迅速冷却到 10℃左右，防止发酵过度。

Tips：发酵过度会使酸奶的口感过酸。

10. 冷藏

冷却好的酸奶放入 0℃左右的冷藏室中保存。12 小时后即可出售。

酸奶中的添加剂影响健康吗？

酸奶是牛奶经过乳酸菌发酵而成的。在酸奶的制作过程中，会加入添加剂。符合国家要求和标准的添加剂，并不会对人体健康产生危害，因此可以放心食用。

自制酸奶更健康吗？

酸奶中的菌群发酵需要适宜的温度，比如保加利亚乳杆菌和嗜热链球菌混合后，最适宜生长的温度是 42 ~ 45℃。普通家庭自制酸奶很难保证这样的温度，容易发酵过度或不足，影响酸奶的口感。另外，自制酸奶容易滋生细菌，影响健康。

越浓稠的酸奶越有营养吗？

酸奶的营养价值与浓稠度并没有直接关系，而是与制作方法密切相关。根据制作方法的不同，酸奶分为凝固型和搅拌型。凝固型搅拌型酸奶相对稀薄。

有的搅拌型酸奶为了增加浓稠度会加入增稠剂，如食用明胶、膳食纤维等。食用明胶是一种蛋白质胶体，易被人体吸收。膳食纤维包括海藻胶、果胶等，有助于消化。这两种增稠剂对人体无害。因此，与凝固型酸奶相比，搅拌型酸奶的风味更好，营养更全面。

如何选购酸奶：

一看营养成分，选择蛋白质含量高的。

二看保质期，选择保质期短的。

三看原料表，选择配料简单的。

四看品牌，选择知名产品。

五看口味，选择自己喜欢的口味。

酥脆鲜香 —— 仙贝的制作

　　快过年了！奇奇和妈妈一起去超市采购年货。妈妈问："奇奇，过年有什么想吃的零食吗？"奇奇想了想说："好久没吃仙贝了！"于是，他们去零食区买了一大袋仙贝。仙贝的口味和形状很多，我们以一种咸味的饼状仙贝为例，看看它是怎么做成的吧！

　　原料：大米、糯米粉、马铃薯淀粉、白砂糖、食盐等。

1. 清洗

　　使用清水将大米搓洗两至三遍。

2. 浸泡

　　将大米放入清水中，浸泡5个小时以上。

3. 制粉

　　将浸泡后的大米沥干水分，倒入制粉机中制成米粉。

蒸炼

　　将除大米外的其他原料全□的加入到米粉中，放入蒸汽□中进行蒸炼。

5. 定型

　　将米粉团挤入模具中定型。成型时的温度在 60℃ 左右。

6. 干燥

将成型的米饼摆放好，放到干燥箱中进行干燥。

7. 烘烤

将米饼放入烘烤设备中进行加热、膨化。

8. 喷油

将米饼从烘烤机中拿出来，表面喷一层薄薄的棕榈油，又酥又香的仙贝就做好啦！

9. 质检

按照国家相关规定，进行抽样质检。

10. 包装

包装生产线上，一个个仙贝被装入漂亮的包装袋中。

你知道吗？

"仙贝"原是一种日本米果的名称。它们形状各异，大小不同，口味多样，是可以一口吃掉的休闲小吃。

我们在超市中看到的仙贝，有的写着"膨化食品"。膨化是一种食品加工的方法。具体方法是把食品放入密闭容器中，加热加压后骤然减压，使食品中的水分汽化膨胀，让食品变得松脆。膨化食品虽然口感好，但往往添加剂较多，高盐、高糖，不宜多吃。

丝滑浓郁——巧克力生成记

　　奇奇的小舅和小舅妈从国外回来，请奇奇一家去饭店吃饭。"这是送给你的礼物，奇奇。"小舅妈温柔地递给奇奇一盒包装精美的巧克力。"呀，我最爱吃的巧克力！舅妈，我太爱你了！"一盒巧克力就能让奇奇如此开心，奇奇的妈妈心里感叹：巧克力真是一种具有魔力的零食啊！那么巧克力是怎么做成的呢？

原料：可可果。

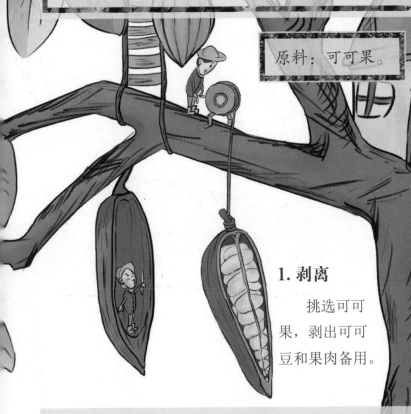

1. 剥离

　　挑选可可果，剥出可可豆和果肉备用。

Tips：可可果的形状像甜瓜，重量在250～500克之间。可可果中有可可豆20～50枚，每颗约2厘米长。可可豆是白色的，外面有一层白色的胶质，没有巧克力的香味。

2. 发酵

将果肉与可可豆一起放入发酵桶内进行发酵。

3. 烘干

可以采用日晒的方式或用烘干机进行干燥，使可可豆中水分的含量降低至7%左右。

4. 挑选

挑选品质优良的可可豆，作为巧克力的原料。

优

Tips：挑出霉豆、破损豆、虫蛀豆、发芽豆、瘪豆等疵豆，以及发酵不完全的蓝灰色豆子。可可豆的种类不同，其颗粒大小也不同。一般来说，品质优良的可可豆，长约22毫米，厚约8毫米，颗粒饱满。

5. 测试

制作巧克力之前，专家要对可可豆的品质进行测试，确保口感醇香。

6. 烘烤

将可可豆放入烤箱烘烤，此时车间内香味扑鼻。

7. 去壳

将优质可可豆倒入簸筛机，使可可豆的皮、胚芽和豆肉分离。

8. 压碎

将可可豆晾凉，放入轧碎机中压碎，充分释放其香味。

9. 研磨

将可可豆倒入研磨机中，研磨成可可液块。热的可可液块具有流动性，冷却后可凝固成块。可可液块是制作巧克力的主要原料。

10. 提取

从可可液中提取出黄色的可可脂。可可脂常温下坚硬成块，但入口即化。

Tips：可可脂是从可可豆中提纯而成的天然植物油脂。可可脂中含有丰富的多酚，因此具有抗氧化功能。天然可可脂含量高的纯巧克力，香味纯正、浓郁，入口软滑。

11. 研磨可可粉

提取可可脂后形成块状的可可饼。使用研磨机将可可饼研磨成可可粉。

Tips：根据可可粉中的脂肪含量不同，可分为高、中、低脂可可粉。可可粉中含有生物碱、可可碱和咖啡因等营养物质。可可液、可可脂和可可粉都是可可豆的副产品，都可以作为巧克力的原料。它们一般分别保存，便于搭配制作出不同口味的巧克力。

12. 调温

调温一般包括加热、降温、升温和冷却等步骤，其目的是让巧克力成品具有较好的光泽度。

Tips ：不同的巧克力，调温的温度要求不同。

13. 配料

将可可脂、可可液和可可粉按照一定的比例，加入牛奶、坚果、糖粉等，搅拌均匀。

14. 定型

将调配好的巧克力液体倒入模具内，硬化定型。

巧克力是 chocolate 的音译，也称为朱古力。制作巧克力的原料——可可豆，源自美洲可可树的果实。

现在，巧克力的口味多样，品种丰富。

巧克力的分类

一般来说，巧克力分为黑巧克力、白巧克力、牛奶巧克力三大类，在此基础上还衍生出坚果巧克力、彩色巧克力和夹心巧克力等。

黑巧克力是巧克力中最纯的，可可粉和可可脂的含量最高，糖分最低，苦味最浓。

白巧克力中不含可可粉，只有可可脂，因此它的颜色呈乳黄色。

牛奶巧克力发明于一百多年前的瑞士，它既不像黑巧克力那么苦，也不像白巧克力那么甜。

如何选购巧克力？

1. 选购巧克力时，要仔细查看配方表。根据国家有关部门规定，巧克力中非可可脂的脂肪含量不得超过5%。

2. 选用主原料为可可脂的巧克力。一些厂商为了降低成本，会使用代可可脂（代可可脂中含有反式脂肪酸）。

3. 感官判断。好的巧克力色泽光亮，脆度较高，入口即化，回味醇香。

除了巧克力，可可豆还能做什么？

可可豆并不只能做巧克力。历史研究资料表明，古玛雅人曾将可可豆制成可流通的货币。

巧克力能够增强记忆力，舒缓紧张情绪，还具抗氧化等作用。但巧克力属于高热量、高脂肪的食物，不能过量食用。

好吃好看——夹心饼干的制作

妈妈今天要加一会儿班。奇奇回到家，写完了作业，感觉有点儿饿了。他去零食柜翻找到一包刚刚买的夹心饼干，便打开吃了起来。奇奇想："饼干又脆又甜，不仅好吃还能充饥，真是好东西！"美味的饼干是如何制作出来的呢？一起去工厂看看吧！

> 原料：低筋小麦面粉、鸡蛋、白砂糖、可可粉、食盐、食用油、奶粉等。

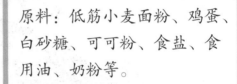

1. 和面

将所有原料倒入和面机中，不停地搅拌，和成面团。

Tips ：搅拌有固定的标准。只有达标后，才能进入下一个流水线。

2. 压面

将面团放入压面机中，压成固定薄厚的面片。

Tips ：为防止面皮粘连到机器上，会在机器的滚轮上撒一层薄薄的玉米淀粉。

5. 堆叠

　　使用堆叠机将烘焙好的饼干堆叠成整齐的一摞，看起来像一面小小的饼干墙。

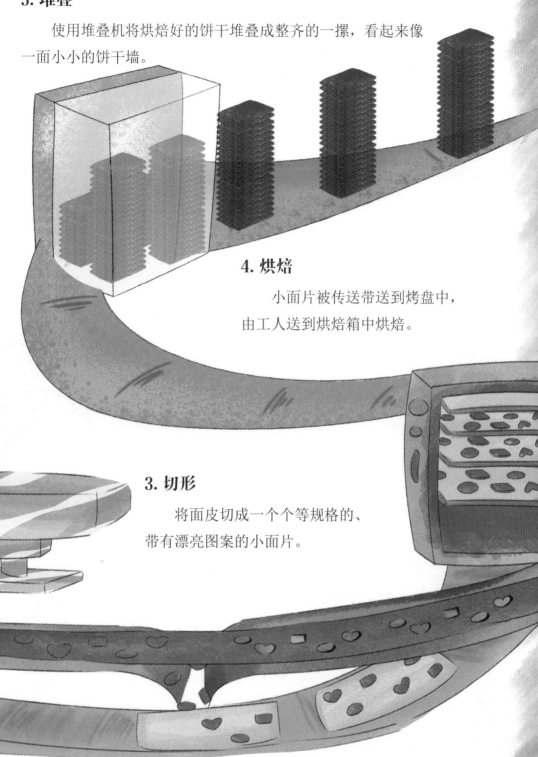

4. 烘焙

　　小面片被传送带送到烤盘中，由工人送到烘焙箱中烘焙。

3. 切形

　　将面皮切成一个个等规格的、带有漂亮图案的小面片。

饼干制作好了，下面开始制作甜甜的夹心。

2. 挤压

将奶油糊倒入挤压机中，挤压出定量的夹心奶油。

1. 夹心

将奶油和白砂糖按照一定比例倒入搅拌机中，搅拌均匀。

4. 质检和包装

在包装之前，要对饼干进行抽样质检。检验合格的产品，就可以进入包装流水线包装啦！

3. 合成

机器将两块饼干和夹心粘在一起，夹心饼干就做成了。

你知道吗？

据说，关于饼干的来历有这样一个小故事：

大约170年前，英国人驾驶着一艘船驶入法国比斯开湾。突然，狂风大作，船沉入海底，船员们游到附近的一个荒岛上逃生。小岛上没有可以充饥的食物，船员们面临着饥饿的威胁。大家只能吞下那些被海水浸湿的面粉、糖和黄油。这时，有一名船员想到一个办法，他把面粉、糖和黄油和在一起，捏成又薄又小的圆饼，放在石头上。不一会儿，强烈的太阳光就把这些小圆饼烤得又干又脆，船员们觉得很好吃。后来，英国人为了纪念比斯开湾这个小岛，就把这种零食称为"biscuit"。

以苦为乐 —— 咖啡的提取

奇奇的妈妈昨晚失眠，几乎一夜没睡。第二天一早，她无精打采地起床做饭。厨房里飘来阵阵香味，但奇奇对这种香味有点陌生。原来，妈妈给自己冲了一杯速溶咖啡。妈妈说，咖啡可以提神。这种提神的利器是怎么做成的呢？一起来看看吧！

原料：咖啡豆。

1. 摘豆

采摘成熟的咖啡鲜豆，去除虫豆、瑕疵豆等。

> Tips：咖啡豆是咖啡树的果实。成熟的咖啡豆呈棕色，不成熟的是绿色。

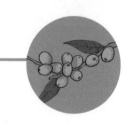

2. 脱皮

使用脱皮机剥掉咖啡豆的果皮，留下带果肉的种子。

3. 干燥

使用干燥机将咖啡种子烘干。

Tips：咖啡生豆是制作咖啡的原材料。与熟豆相比，生豆的颜色浅，没有咖啡的香味。

4. 脱壳

使用脱壳机让咖啡种子与果肉分离，成为咖啡生豆。

5. 烘焙

使用咖啡烘焙机对咖啡生豆进行烘焙。我们在咖啡店见到的烘焙机较小，工厂的烘焙机则是大机器。烘焙后的咖啡豆即咖啡熟豆，颜色为褐色，香味独特。

Tips：咖啡的烘焙十分专业，一般分为多种方式、多个阶段，具体参照专业的《烘焙深度表》进行品质把控。

6. 研磨

使用咖啡研磨机对咖啡豆进行研磨。

Tips：咖啡研磨的颗粒越小，提取出的物质越多。

7. 提取

使用蒸汽高压设备提取出咖啡豆中的咖啡物质。机器不断加热，过程有点儿像熬粥。机器的出口处可见咖色液体。

8. 冷却

为保证咖啡的品质，要将这些咖色液体放入 -45℃ 的冷库中冷冻。

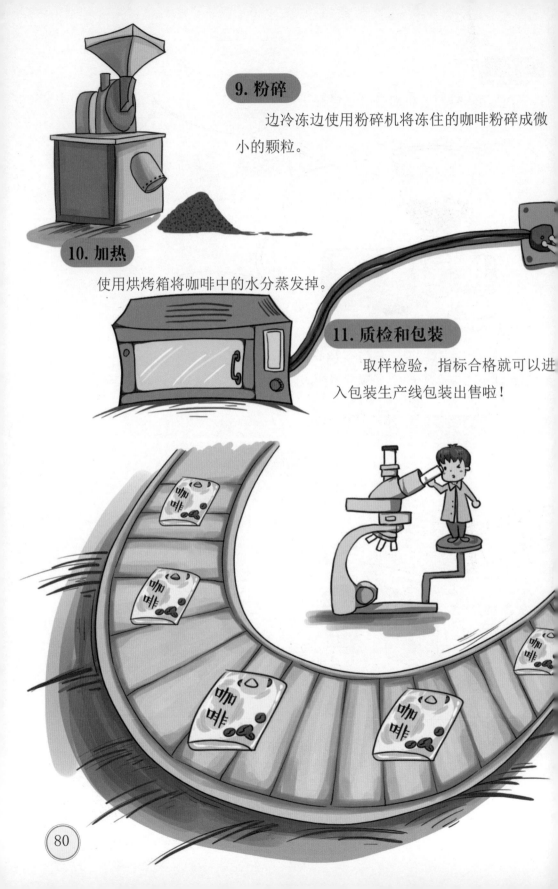

9. 粉碎

边冷冻边使用粉碎机将冻住的咖啡粉碎成微小的颗粒。

10. 加热

使用烘烤箱将咖啡中的水分蒸发掉。

11. 质检和包装

取样检验,指标合格就可以进入包装生产线包装出售啦!

咖啡是世界三大饮料之一，与可可和茶共同成为流行于全球的饮品。咖啡中含有碳水化合物、脂肪、蛋白质等营养素。

我们去咖啡馆会发现咖啡的种类很多：拿铁、卡布奇诺等。以常见的四种咖啡为例，你能猜出咖啡分类的依据吗？

美式咖啡

拿铁

卡布奇诺

摩卡咖啡

酸酸甜甜——话梅的制作

原料：李子、白砂糖、食盐、食用油、食品添加剂等。

这天，奇奇打开零食柜，想找点儿好吃的。咦？不知道妈妈什么时候买了一包红色的话梅李子。奇奇不太喜欢吃话梅李子，甜中带酸，想起来就泛起口水。但妈妈喜欢吃，总想跟奇奇一起分享。奇奇越过这包话梅李子，拿起了别的零食。

1. 备料

工人爬到李子树上将成熟的李子摘下来，然后使用大型收货机将李子采收进收纳箱。

2. 清洗

将李子倒入大型洗涤机中，清洗干净后，滚动的扇片将李子整齐地装入托盘。

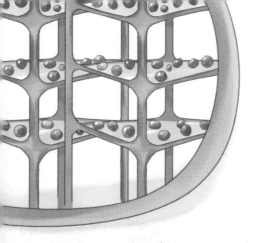

3. 烘干

将托盘中的李子放入烘干机中，烘烤约 16 小时，使含水率下降至 20% 左右。

4. 分拣

使用振动分拣机将不同大小的李子分拣出来，分类存放。符合标准的李子，就可以进入加工环节啦！

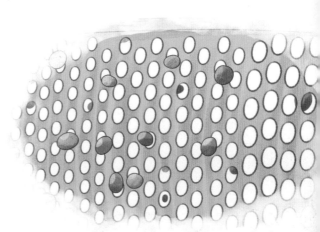

5. 蒸制

将李子放入蒸箱中，调到一定温度，蒸制约 18 分钟后，李子即被蒸熟。

6. 软化

使用热水将李子软化，使李子能在后续的配料过程中更好地入味。

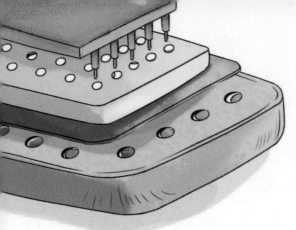

7. 去核

使用去核机将李子中的果核去掉。

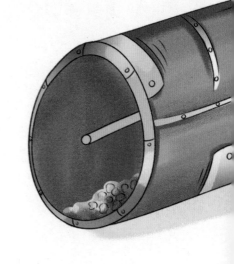

8. 配料

将白砂糖、食盐、食用油、食品添加剂等按比例倒入滚筒中，再倒入定量的李子搅拌均匀。这样，话梅李子就做好啦！

9. 质检和包装

抽检制作好的话梅李子，符合国家标准的，就可以进入包装流水线啦！

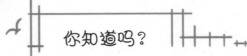

你知道吗？

现在的话梅主原料多种多样，有各种梅子，比如青梅、黄梅等，也有李子。这些原料中，梅子具有较高的药用价值，李时珍在《本草纲目》中曾记载，梅子具有健脾养胃、生津止渴、消肿解毒等作用。

购买话梅的时候，要仔细看配料表，确定主材料是青梅还是李子。请你品尝过这两种休闲零食后，说一说味道有什么不同吧。

解暑零食——绿豆糕的制作

夏天到了，奇奇热得吃不下饭，觉得自己快中暑了。他从冰箱里连续拿出两根雪糕，第二根吃到一半时，被妈妈制止了。妈妈说，雪糕不能多吃，况且吃雪糕不能解暑。奇奇垂头丧气地说道："可是我吃的是绿豆雪糕呀！"听奇奇一说，妈妈突然想起了一种解暑美食——绿豆糕。奇奇的妈妈是如何制作绿豆糕的呢？绿豆糕真的能解暑吗？我们一起来看看吧！

原料：绿豆、白砂糖、黄油、麦芽糖。

1. 清洗

将绿豆清洗干净。

2. 浸泡

将绿豆放入清水中，浸泡 12 小时左右。

3. 脱皮

双手轻轻揉搓泡好的绿豆，揉搓下来的绿豆皮漂浮在水面上。澄出容器中的水和绿豆皮，将脱皮绿豆倒入筛网中沥干水分。

4. 蒸煮

将脱皮绿豆倒入电饭煲内，加入适量清水，将其煮熟。

5. 炒沙

将煮熟后的绿豆晾凉并用手捏成泥，放入不粘锅内翻炒至出沙。

Tips：这一过程戴上一次性塑料手套操作更卫生！

6. 浸油

将黄油倒入豆沙中继续翻炒，直至豆沙均匀吸收黄油为止。

7. 加糖

将白砂糖和麦芽糖倒入锅内继续小火翻炒，至绿豆泥可以成形为止。

8. 压膜

将绿豆泥晾凉，放入模具中挤压成形，即可食用。

Tips：夏天可将绿豆糕放入冰箱冷藏后食用，口感更佳。

家庭制作绿豆糕，全程无添加剂，新鲜健康。不过，奇奇妈妈不是总有时间制作绿豆糕的。那么，超市中的绿豆糕是怎么做成的呢？

原料：绿豆粉、糯米粉、水、白砂糖、植物油、色素。

1. 搅拌

将一定比例的绿豆粉、糯米粉和水倒入搅拌桶内，开启搅拌模式，直至搅拌均匀。

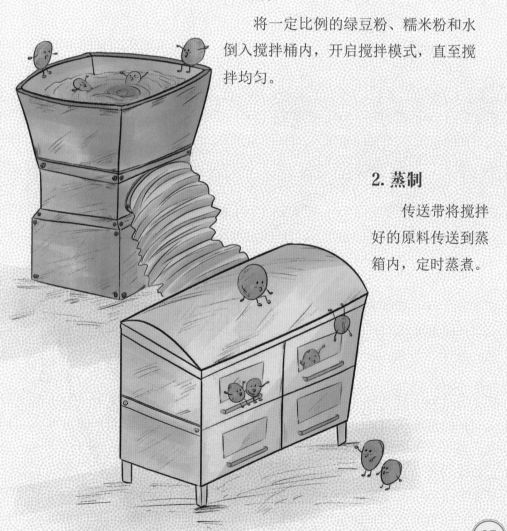

2. 蒸制

传送带将搅拌好的原料传送到蒸箱内，定时蒸煮。

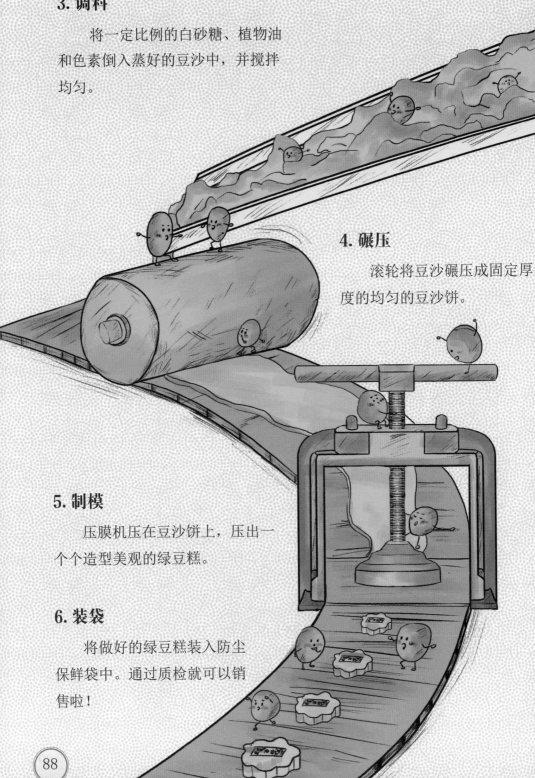

3. 调料

　　将一定比例的白砂糖、植物油和色素倒入蒸好的豆沙中，并搅拌均匀。

4. 碾压

　　滚轮将豆沙碾压成固定厚度的均匀的豆沙饼。

5. 制模

　　压膜机压在豆沙饼上，压出一个个造型美观的绿豆糕。

6. 装袋

　　将做好的绿豆糕装入防尘保鲜袋中。通过质检就可以销售啦！

绿豆糕是我国传统的特色糕点之一，以绿豆为主要原料，具有消暑解毒的功效。绿豆也称青小豆，是豆科植物绿豆的种子，营养丰富，保健价值较高，被称为"清热解暑良药"。绿豆中含有淀粉、蛋白质、膳食纤维、β-胡萝卜素、维生素E等营养素，除了清热解毒，还具有利水消肿、降血脂与降血糖等功效。绿豆糕的配料不同，口味和制作流程也略有不同。工厂制作绿豆糕，只需要一台绿豆糕制作机器和原料及配方即可，机械化和自动化较高。

如何挑选绿豆糕呢？

第一看保质期。不添加防腐剂的绿豆糕一般保质期较短。因此，购买绿豆糕要选择生产日期临近、保质期较短的产品。

第二看颜色。优质绿豆糕采用天然绿豆粉制成，色泽为黄绿色，接近煮熟后的绿豆汤颜色。过绿或过黄的颜色，很可能添加了色素。你可以在原料表中验证是否添加了色素。

第三看口感。优质绿豆糕口感细腻，清香柔软且不粘牙。

团团圆圆——月饼的制作

中秋节即将来临！这天，奇奇邀请妈妈一起完成一项特殊的家庭作业——手工制作月饼。妈妈有点儿难为情地说："我不知道如何制作月饼。""没关系，我来教你！"奇奇得意洋洋地拿出课堂笔记，翻到某一页，纸上详细地记录了月饼的制作过程。妈妈准备好各种食材，在奇奇的指挥下，一起做起月饼来。你知道月饼是怎么做成的吗？快来看看吧！

原料：面粉、白砂糖、橄榄油、水、红豆等。

1. 水油面

将面粉倒在面板上（四周高、中间低），将白砂糖、橄榄油和水倒到中间。

2. 和面

将面粉由周围向中心搅动，一点点和成均匀的面团。

3. 醒面

用保鲜膜包好面团备用。

90

4. 油酥面

　　将橄榄油倒入面粉中，揉成面团，包上保鲜膜备用。

5. 煮豆

　　将红豆提前浸泡 12 小时，把浸泡好的红豆放入高压锅中蒸煮 30 分钟。

6. 炒豆

　　熟豆倒入不粘锅内，加入白砂糖小火炒制，至豆蓉黏稠时关火，晾凉备用。

7. 开酥

　　将水油面捏扁，包起油酥面擀平，然后卷起对折擀平，重复三四次。

8. 包馅

将红豆馅包到月饼皮中, 搓圆。

Tips : 馅料要适量, 放多了会露馅, 放少了会影响口感。

9. 定型

将月饼团放入模具中压平。

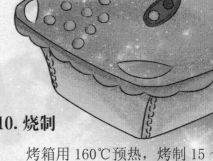

10. 烧制

烤箱用 160℃预热, 烤制 15 ~ 20 分钟, 美味的月饼就做成了!

Tips : 在烤制的过程中, 要随时观察月饼表面的颜色, 防止烤焦。

你知道吗?

月饼是中秋节的时节食品, 最初是用来拜祭月神的供品。祭月是我国的传统习俗, 是古人对月神的一种崇拜活动。现在, 中秋节吃月饼、赏明月, 象征着团团圆圆。

月饼发展至今, 种类十分丰富。按照产地分, 可分为京式月饼、晋式月饼、广式月饼等; 按照口味分, 可分为甜味、咸味、麻辣味等; 按照饼皮分, 可分为酥皮、奶油皮等。从月饼的制作过程我们可以看到, 月饼是高油、高糖的食品, 应适量食用。

薄薄的肉片 —— 猪肉脯的制作

　　奇奇的妈妈说，除了一日三餐之外，其他时间吃的一切东西都算是零食。妈妈认为，零食可分为健康零食和非健康零食。健康零食包括水果、坚果、牛奶等；非健康零食可就多了，奇奇常吃的、喜欢吃的，一一在列。妈妈要求，奇奇每天都可以吃健康零食，不健康零食则限期食用，比如每周一次的果脯、肉脯，每两周一次的夹心饼干、薯片，每个月一次的碳酸饮料、汉堡包。奇奇的零食柜门上，十分正式地贴着《零食食用规则》。对于这件事，他与妈妈有分歧。比如，他认为肉脯是健康零食，可以天天吃。

　　那么，肉脯是怎么做成的呢？我们以猪肉脯为例，一起来看看吧！

原料：猪肉、食盐、白砂糖、料酒、香辛料、蜂蜜、食用色素。

1. 选肉

　　挑选新鲜的猪腿肉，前腿和后腿均可，要注意肥瘦肉的比例。然后，将猪肉切成大小均匀的小块。

2. 腌制

　　将食盐按比例放入猪肉块中，加入定量的水，在0℃左右的低温环境中腌制24小时左右。

Tips：腌制过程中可搅拌几次，使得猪肉块充分吸收水分和盐分。低温可保持肉质鲜嫩。

3. 速冻

将腌制好的猪肉块装入模具，放置冷冻室速冻成型。

4. 切片

将速冻后的猪肉块放到自动切片机上，切割成均匀的薄片。

5. 煮制

在切好的肉片中加入食盐、白砂糖、食用色素等进行煮制。开锅后加入料酒，用小火焖煮。肉汁收干前，加入香辛料并搅拌均匀。

6. 烘烤

将煮好的肉片摆在箅子上，放入烘房中恒温烘烤。烤制过程中，可在表面均匀地涂抹蜂蜜。

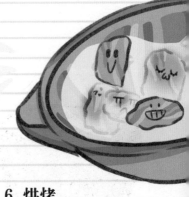

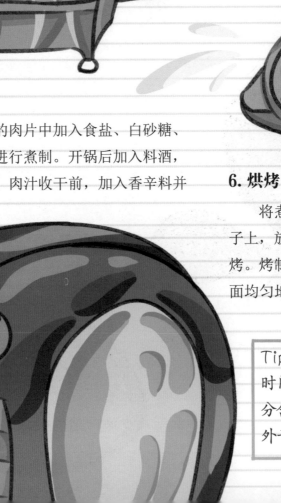

> Tips：烘烤的温度时间十分重要，一般分含量15%左右，肉片外干燥即可。

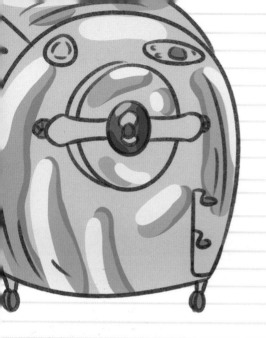

7. 杀菌

将烤制好的猪肉脯放入微波灭菌箱中进行灭菌。

8. 质检和分装

按照国家标准，对肉脯进行抽样检查，合格后即可包装。

你知道吗？

零食根据加工程度可分为三类：原产品零食，如水果；初加工零食，如坚果；深加工零食，如果冻、薯片等。一般情况下，原产品零食和初加工零食相对健康，深加工零食制作工艺复杂，并使用多种调味料，长期食用不利于身体健康。

肉脯是猪肉或牛肉通过腌制、烘烤而制成的肉制品，被誉为"闽西八干"之首。传统肉脯的制作配方中，不使用添加剂，全部是手工工艺，味道鲜美，且十分健康。肉脯中含有蛋白质、脂肪以及多种维生素，是营养丰富的零食。在选购肉脯时，要详读原料表中的原料成分，无添加剂或少添加剂的较好。

爽口滑嫩 —— 果冻生成记

奇奇的零食柜里有很多零食，最常备的是果冻。因为，他喜欢果冻嫩嫩的、滑滑的、爽口的感觉。尤其是与水果和酸奶搭配在一起，实在是难得的美味。今天，奇奇的几个好朋友来家里玩，他拿出各种口味的果冻招待他们。他的同学也跟他一样喜欢吃果冻，孩子们吃得真开心！超市里的果冻是怎么制成的呢？一起来看看吧！

原料：水、白砂糖、增稠剂、食用明胶、食用色素、甜味剂、防腐剂、香料等。

1. 配料

将一定配比的食用明胶与白砂糖混合在一起，搅拌均匀。

2. 加热

将混合物加热约 10 分钟，使固体变为液体。

3. 调味

加入甜味剂、防腐剂、食用色素、香料等搅拌均匀。

4. 过滤

首先粗滤一遍，再精滤一遍，过滤掉未溶解的白砂糖等杂质。

5. 分装

分装机器设定流量，将液体均匀地装入果冻盒中。

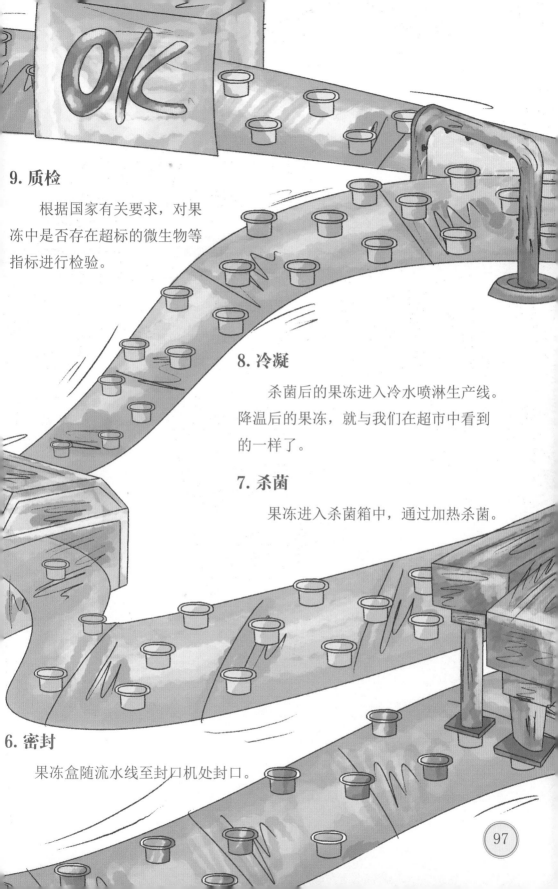

9. 质检

根据国家有关要求，对果冻中是否存在超标的微生物等指标进行检验。

8. 冷凝

杀菌后的果冻进入冷水喷淋生产线。降温后的果冻，就与我们在超市中看到的一样了。

7. 杀菌

果冻进入杀菌箱中，通过加热杀菌。

6. 密封

果冻盒随流水线至封口机处封口。

10. 包装

将各种颜色和口味的果冻装入彩色的食品袋中，就可以运到超市出售啦！

你知道吗？

果冻的主要成分是明胶。明胶可分为食用明胶和工业明胶。食用明胶一般在动物皮或骨头中提炼，本身对身体无害。工业明胶则取自皮革，含有大量的铅等对身体有害的物质。因此，我们在选择时，要去大型超市选择正规厂家的果冻产品。

格子小饼 —— 威化饼干的制作

最近，奇奇连续掉了3颗乳牙，开始长出恒牙。医生说这个阶段要特别注意保护牙齿，尤其是不要吃甜味的零食。这天放学，妈妈给奇奇洗衣服的时候，闻到了一股甜甜的味道。妈妈问奇奇："今天你在学校吃什么零食了？"糟糕！放学时，奇奇的同学小虎给了奇奇几块威化饼干，一定是饼干渣儿掉到衣服上，被妈妈发现了。奇奇又挨训了！又香又脆的威化饼干是怎么做成的呢？现在我们以小米奶油威化饼干为例，一起去看看吧！

原料：小米、小米粉、食用油、水、白砂糖、奶油、膨松剂。

威化饼干的制作分为单片和馅料两部分。首先，我们看一看威化单片是如何制作的。

1. 清洗

将小米放入水中清洗。

2. 打磨

使用打磨机将小米磨成小米面浆，过 100 目筛。

Tips：“目数”是指每平方厘米面积内的目孔数。

3. 搅拌

搅拌一般分为三次。首先，将小米粉和小米面浆按照一定的比例投入搅拌机，搅拌均匀。然后，加入适量的水，继续搅拌。最后，投入膨松剂，进行第三次搅拌。

Tips：面浆的调制决定着小米威化饼干的品质，水量、温度和搅拌时长是三个主要指标。

第一，水量要适当。太稀会使威化单片太薄，容易脆裂；太稠会产生缺角，导致浪费。

第二，要注意温度控制，温度过高，面浆会发酸变质。

第三，搅拌的时间要把握好，时间过长会导致威化单片不松脆。

威化馅料的制作：

1. 磨粉

使用打磨机将白砂糖磨成糖粉，过 100 目筛。

Tips ：糖粉的细度决定了威化饼干的品质，入口即化为上乘。

2. 调制馅料

将糖粉、食用油和奶油按照一定的比例，倒入搅拌桶内进行搅拌，使馅料膨松、体积变大。

Tips ：调好的馅料均匀、细腻、无颗粒较佳。为控制成本，生产厂家一般使用人造奶油。人造奶油不利于人体健康。

现在，我们给威化片涂上馅料。

1. 夹心

使用奶油涂层机给威化单片涂上奶油。

2. 加层

自动饼干生产线将几层夹心威化片压合成一块。

3. 切割

使用饼干切割机将大片的威化饼干切成整齐的小块。

4. 质检及包装

根据国家质检标准抽样检查，合格的威化饼干就可以在包装流水线中进行包装啦！

威化饼干是多层、夹心、口感酥脆的甜点。

威化来源于英文单词"wafer"，也音译为华夫饼、维夫饼。近几年来，威化饼干和华夫饼衍生为两种饼干类零食。威化饼干因味道香甜、口感酥脆而受欢迎。威化饼干中含有多种维生素、蛋白质、脂肪等，但是热量较高，不适宜过多食用。

威化饼干   华夫饼

香脆味美 —— 雪饼的制作

　　语文课上，老师让大家用"雪"字组词。同学赵铁马上举起手来回答道："雪白。"老师点点头表示认可。无所不知的菲菲回答说："踏雪寻梅。"老师表扬了她。"学霸"王伟说："雪中送炭。"老师觉得这个词很好。这时，老师发现奇奇又走神了，于是让奇奇组词。奇奇愣了几秒，脱口而出："雪饼。"同学们哄堂大笑。

　　雪饼，难道跟雪有关吗？我们一起去看看吧！

原料：大米、棕榈油、乳糖等。

1. 选米

　　选择一级大米。

Tips：雪饼中的主原料是大米，因此大米的品质十分关键。根据我国的规定，大米分为一级、二级、三级和四级四个等级。

2. 清洗

　　使用清水将大米搓洗两到三遍。

3. 浸米

　　将大米放入清水中，浸泡5小时以上。

Tips：浸泡时要每隔半小时换一次水，水温保持在25℃左右。浸泡时间应长一点儿，避免大米中的硬芯影响口感！

4. 切碎

将大米放入水切机中切碎。

Tips：水切是利用超高压技术，将水加压到 250 ~ 400MPa，通过内孔直径 0.15 ~ 0.35mm 的宝石喷嘴喷射出的高速射流将物体切碎的技术。

5. 粉碎

使用粉碎机将切碎的大米进一步粉碎成粉。

6. 配料

将调味料按照一定的比例倒入米粉中，并搅拌均匀。

7. 蒸炼

将配好料的米粉放入蒸汽机中进行蒸炼。

8. 定型

将米粉团挤入圆形模具中。

9. 干燥

将成型的米饼摆放好，放到干燥箱中进行干燥。

10. 冷冻

将米饼放在冷库中保存几小时。

11. 烘烤

将米饼放入烘烤设备中，进行加热、膨化。

Tips：冷冻会使大米中的组织受损，进而产生蜂窝状小孔，有利于更好地膨化。

12. 喷油

将米饼从烘烤机中拿出来，表面喷一层薄薄的棕榈油。

13. 挂糖

使用挂糖机在雪饼上均匀地喷上乳糖。

14. 干燥

将雪饼输送到干燥箱中，进行最后一次干燥。干燥后的米饼，表面的乳糖呈现白色，像雪一样。

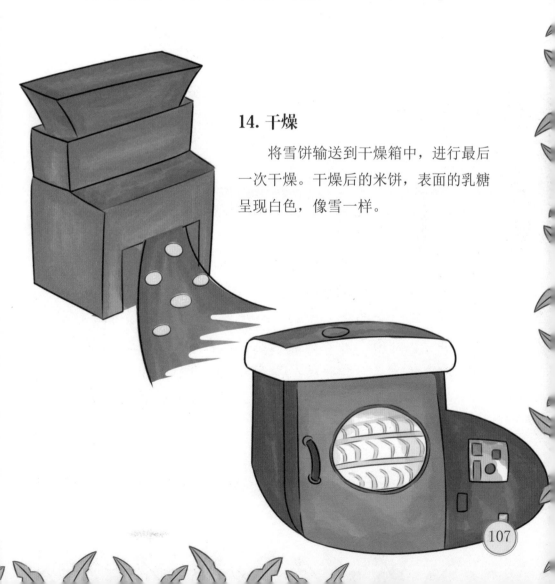

15. 质检

按照国家相关规定进行抽样质检。进入超市的商品，保证品质安全是第一位的。

16. 包装

包装生产线上，一个个米饼被装入漂亮的包装袋中，再装入包装箱中，就将运送到仓库和超市啦！

你知道吗？

雪饼是一种膨化食品，主要原料为大米，加工工艺以烘焙、加热等为主。

膨化食品是零食的一个种类，包括雪饼、米饼、薯片、虾条、虾片、爆米花、米果等。膨化工艺制作零食的方式，本身对人体无害，但为了提升零食口感，往往添加了大量食品添加剂，不利于人体健康。零食好吃，不能过量哟！

鲜香浓郁 —— 虾条的制作

奇奇的妈妈是个美食家。普通的食材，到了妈妈的厨房，很快就会变成餐桌上色香味俱全的美味。这天，奇奇的妈妈去了海鲜市场，买了虾、螃蟹和海螺。奇奇所在的城市并不临海，但妈妈说，这个季节的海鲜肥美，值得品尝。晚上，奇奇一家围坐在餐桌前，大快朵颐。奇奇吃着煮熟的鲜虾，赞不绝口道："妈妈，这可比虾条好吃多啦！"

鲜虾是如何加工成虾条的呢？一起来看看吧！

原料：大米、玉米、植物油、虾、葡萄糖。

调味料：味精、糖粉等。

主要设备

螺杆挤压膨化机

切割机

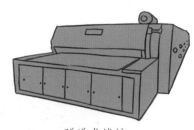

隧道式烤炉

调味机

粉碎机

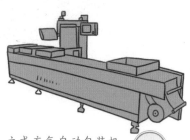

立式充气自动包装机

1.选米

精选无虫蛀、无霉变的大米和玉米粒，筛除杂质，清洗干净。

2.粉碎

大米和玉米分别称量，按照一定的比例倒入粉碎机中粉碎备用。

Tips ：粉碎至40目的颗粒即可。

3.选虾

选择新鲜的虾，清洗干净。摘下虾头、剥下虾壳备用。

Tips ：刚剥好的虾头和虾壳要立即放入烤炉中烘烤，避免污染和变质。

4.烘干

使用隧道式烤炉将虾头和虾壳烘干。

5.粉碎

使用粉碎机将烘干后的虾头碎至80～100目大小的虾粉。

6. 拌料

使用混合机将大米、玉米粉和虾粉按比例混拌匀。将盐水掺到混合料中,继续搅拌。

> Tips : 混合后的物料水分一般控制在15%左右,但随空气中含水量的变化而适当增减。

7. 膨化

将拌好的料倒入单螺杆挤压膨化机中,调好压力和时间。

> Tips : 膨化是整个工艺过程的关键,影响产品的最终品质。物料的水分含量、挤压腔的压力、电机转速以及原料配比等,都可能影响到膨化产品的质量。

8. 切割

将膨化物料从横孔挤出后，通过输送带输送到切割机处。切刀将物料切成条状。

9. 烘烤

输送带将虾条传送至隧道式烤炉中，将虾条烤干。

10. 调味

输送带将烤干的虾条传送到旋转式调味机中。虾条在旋转的过程中，调味机通过雾状喷头将植物油均匀地喷洒到虾条上。然后将调味料粉也均匀地撒在随机器滚动的虾条上。

11. 检测

质检员随机抽取若干虾条，按照国家各项要求进行检验。检验合格后，可以进入包装程序啦！

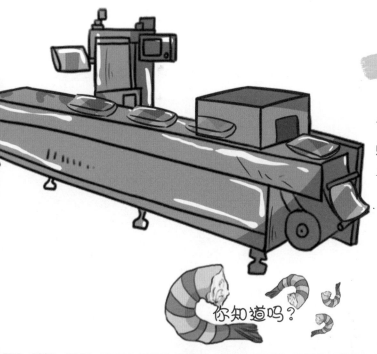

12. 包装

立式充气自动包装机，将定量的虾条装入美美的袋子里啦！

你知道吗？

看完虾条的制作过程，奇奇很惊讶，虾条中的原料很多，但是虾的含量并不高。虾条是膨化食品，不建议过量食用。

虾条容易受潮，应开袋即食。没吃完的虾条要密封保存，否则将丧失酥脆的口感。

饼干不甜 —— 苏打饼干的制作

奇奇跟妈妈去超市选购零食时，会选择电视广告中见过的、同学们分享过的和妈妈给他买过的。这天，妈妈带他去买饼干，他选择了一袋自己平时很喜欢吃的夹心饼干。妈妈看了看，走到了一排长方形的饼干面前，选择了一种苏打饼干。妈妈说，这种饼干的味道不是甜的，但是也很好吃。奇奇知道，妈妈的厨房里有苏打粉，便很好奇，苏打饼干是苏打粉制成的吗？不甜的饼干好吃吗？一起来看看苏打饼干是怎么制作出来的吧！

原料：玉米粉、白面粉、小苏打、酵母、食盐、植物油、水。

1. 一次和面

将玉米粉与白面粉按 4：6 的比例混合均匀，过筛后倒入搅拌机中，加入酵母和水，搅拌均匀。

Tips：第一次和面的量是总面粉量的一半，另外一半用于第二次和面。

2. 一次发酵

将搅拌好的面团放入干净的盆中，覆盖上保鲜膜进行发酵。

Tips：发酵时要掌握好温度、湿度及时长。

3. 二次和面

　　将第一次发酵好的面团与剩下的面粉混合，加入植物油、食盐、水和小苏打，倒入搅拌机中搅拌均匀。

4. 二次发酵

　　将和好的面团放入发酵盆中，覆盖上保鲜膜进行二次发酵。

　　Tips：二次发酵的时间短于第一次发酵的时间。

5. 制油酥

　　将植物油、玉米面粉和食盐混合均匀，制成油酥。

6. 压面

　　将发酵好的面团放入压面机中，碾压、折叠。

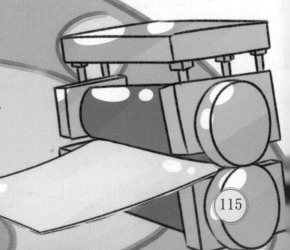

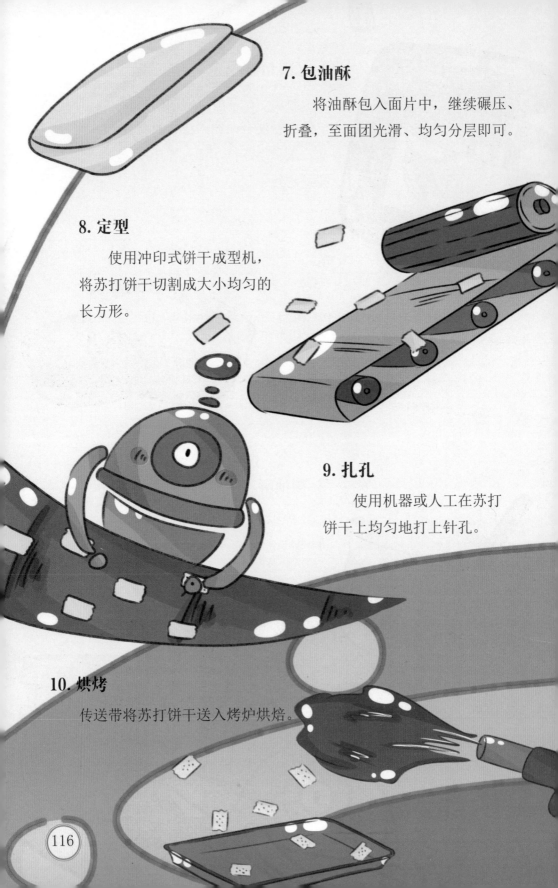

7. 包油酥

将油酥包入面片中，继续碾压、折叠，至面团光滑、均匀分层即可。

8. 定型

使用冲印式饼干成型机，将苏打饼干切割成大小均匀的长方形。

9. 扎孔

使用机器或人工在苏打饼干上均匀地打上针孔。

10. 烘烤

传送带将苏打饼干送入烤炉烘焙。

11. 淋油

使用喷油机在温热的饼干上均匀地喷上一层植物油。

12. 撒盐

使用撒盐机在温热的饼干上均匀地撒上食盐。

13. 堆叠

整理机将一块块的苏打饼干堆叠起来，并输送到质检和包装流水线。

14. 抽检

流水线自动抽检饼干样品，输送到质检员手中。质检员根据国家标准，为饼干建立检查档案，并为合格的产品打上"合格"标签。

15. 包装

包装机将饼干装入美美的袋子里，就与我们在超市中看到的一模一样了。

你知道吗？

苏打饼干是由小麦粉、小苏打等材料制成的发酵类饼干。

苏打饼干中含有小苏打。小苏打的化学名称为碳酸氢钠，是食品加工过程中的膨松剂。

1. 与馒头相比，苏打饼干中的盐分含量高，摄入过多会给肝脏增加负担。

2. 与馒头相比，苏打饼干的油脂较多，脂肪含量增加，容易导致肥胖。

苏打饼干只是零食，不要过量食用哟！

流动的橙子 —— 橙汁的制作

妈妈每天早晨都要奇奇喝一杯温开水，奇奇不太喜欢喝。奇奇不理解，为什么要喝没有味道的温开水，饮料多好喝呀！妈妈苦口婆心地劝导："水就像是我们身体里的一条河，营养元素靠水运送到身体的各个器官，消化吸收也需要水的辅助。同时，这条河中还承载着人体排泄的废物。总之，白水是最健康的饮料！"奇奇说："不对，超市卖的果汁，营养成分也很多呀！"妈妈无奈，只好将每天早晨喝一杯温开水的要求，改成了喝一杯温开水加一杯鲜榨橙汁。你知道超市中的橙汁是怎么做成的呢？一起来看看吧！

原料：橙子、白砂糖、山梨酸钾、柠檬酸等。

1. 采摘

工人采摘成熟、无虫害的橙子，放入运输车中，运送到工厂。

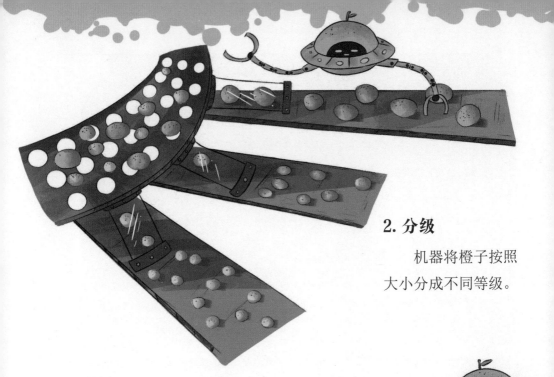

2. 分级

　　机器将橙子按照大小分成不同等级。

3. 清洗

　　传送带将橙子输送到自动冲洗机处进行水洗。

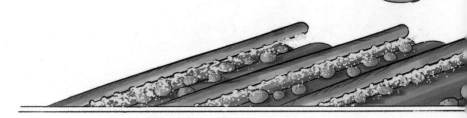

4. 切割

　　清洗好的橙子被传送带输送到自动切割机中，切成两半。

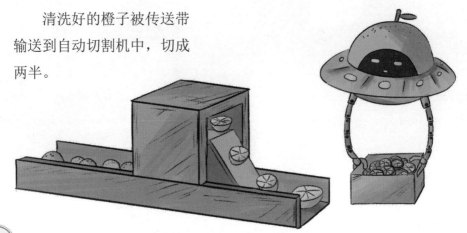

5. 挤压

工人将橙子放入橙子挤压器上进行挤压，新鲜的橙汁流至收集箱中。

6. 过滤

新鲜的橙汁通过过滤网过滤掉果汁中的果肉。

7. 溶胶

将少量白砂糖、山梨酸钾等按比例放入水中，搅拌至完全溶解。

8. 溶糖

将白砂糖倒入水中煮沸，使用 300 目滤布过滤。

9. 酸化

将鲜橙汁与柠檬酸按比例倒入纯净水中，搅拌均匀。

10. 均质

将液体倒入均质机中进行均质。

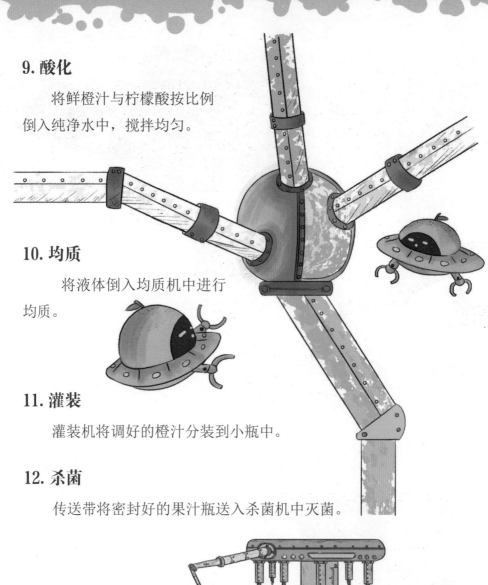

11. 灌装

灌装机将调好的橙汁分装到小瓶中。

12. 杀菌

传送带将密封好的果汁瓶送入杀菌机中灭菌。

13. 质检和包装

质检员根据国家标准进行抽样检测。检验合格后，就可以给这一批次的果汁瓶贴上商标出售啦！

你知道吗？

果汁是以水果为原料，经过压榨、萃取后获得的汁液。果汁饮料不是100%纯果汁，按照我国标准，果汁饮料中的果汁含量不低于10%即为合格产品。

果汁可以替代水果吗？

果汁和水果的营养差异很大，果汁不能完全替代水果。因为：

第一，水果中含有大量纤维素，而果汁中的纤维素含量很少或没有。

第二，果汁在压榨过程中破坏了水果中的一些易氧化维生素。

第三，果汁在生产过程中会使用一些添加剂，这样不仅影响水果的营养，有些还会影响身体健康。

第四，果汁经过高温灭菌也会导致水果中原有的营养成分受损。

只有吃新鲜的水果，才能获取更多的营养！

你喝过的一种或几种果汁饮料中，果汁的含量是多少呢？除了果汁以外，原料中还有什么呢？

童年最爱——辣条的前世今生

　　如果有一种零食，既受到80后、90后的喜爱，又是00后的宠儿，那应该非辣条莫属。奇奇想吃辣条，可是妈妈不让，她的理由是：不卫生。奇奇不知道辣条是怎么生产的，于是跑去问L博士，他一定要搞清楚，辣条为什么不卫生。现在，我们跟着他俩一起去工厂看看，辣条是怎么制作出来的吧！

原料：面粉、水、食用油、食盐、白砂糖、味精、鸡精、香料等。

1. 和面

　　将面粉和水按照一定的比例，倒入打面机的漏斗中。打面机开启和面程序。

2. 制条

　　将和好的面送入挤压管，挤压出一束束长长的面筋。

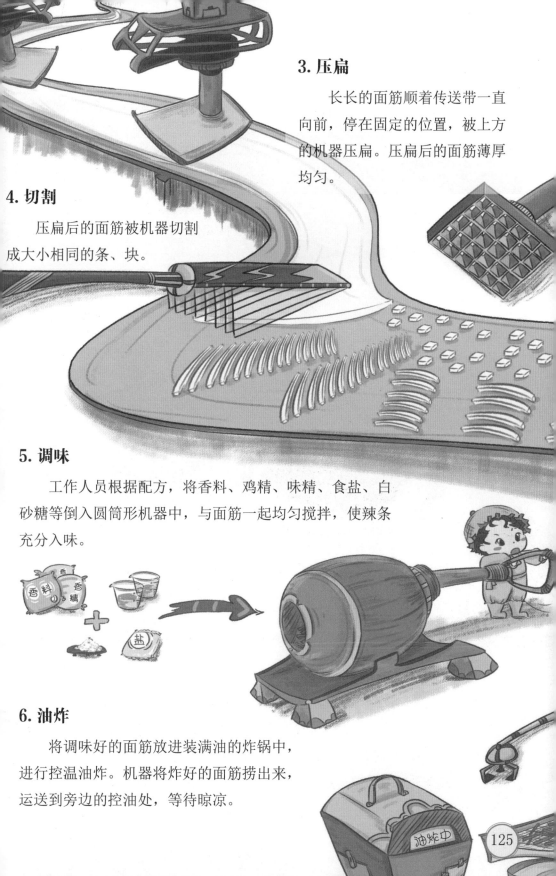

3. 压扁

长长的面筋顺着传送带一直向前，停在固定的位置，被上方的机器压扁。压扁后的面筋薄厚均匀。

4. 切割

压扁后的面筋被机器切割成大小相同的条、块。

5. 调味

工作人员根据配方，将香料、鸡精、味精、食盐、白砂糖等倒入圆筒形机器中，与面筋一起均匀搅拌，使辣条充分入味。

6. 油炸

将调味好的面筋放进装满油的炸锅中，进行控温油炸。机器将炸好的面筋捞出来，运送到旁边的控油处，等待晾凉。

125

7. 分装

此时的辣条已经可以吃了。分装机器将一袋袋的辣条进行分装。

8. 包装

包装机将袋口裁剪并撑开，辣条通过漏斗装入袋中，随即密封。

OK，一包辣条就这样被制作出来啦！

奇奇走完整个辣条生产线，不由得纳闷儿：工厂的车间里仅有几个工人，全程都是机器操作，哪里不卫生呢？

L博士向奇奇解释道，其实不卫生的辣条一般来自小作坊。那里制作环境不达标，生产出来的产品也就容易出现细菌超标等问题。正规厂家、符合国家质量标准的产品，还是可以放心食用的。不过，辣条的口味不适合孩子过度食用，容易造成口腔溃疡、肠炎、胃痛等疾病。而就其营养来说，也远不如蔬菜和水果。

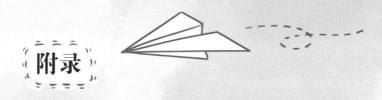

附录

 1. 第 10 页：低筋面粉

在制作蛋黄酥的过程中，需要用到低筋面粉。那么，什么是低筋面粉呢？

我们吃的面粉是由小麦磨成的。小麦磨成面粉的时候，先磨外层的，再磨内层的。外层磨出的面粉称为低筋面粉，蛋白质含量为 7%～9%，适合做蛋糕、甜点、饼干等。内层磨出的面粉称为高筋面粉，蛋白质含量为 12%～15%，适合做面包等。此外，还有中筋面粉，它是由整粒麦子直接磨成的，是我们最常用的面粉。

 2. 第 11 页：烤箱预热

烤箱是必不可少的烘焙工具。在制作蛋黄酥的时候，就需要用到烤箱。你家里有烤箱吗？你知道烤箱在使用之前为什么要预热吗？

烤箱预热是指烘烤食物之前，先将烤箱加热一会儿。这样一方面能够杀灭烤箱内的细菌；另一方面，能够避免食物在烘烤时受热不均，影响外观和口感，导致烘焙失败。

 3. 第 16 页：真空

在制作草莓冻干的时候，会用到真空冷冻技术和真空包装。那么，什么是真空呢？

真空是个物理学概念，简单来说，就是指某个空间内的空气非常少的状态。真空包装是指去除包装袋中的空气，然后密封起来。由于包装袋中的空气很少，食品中要靠空气生存的细菌就很难繁殖，这样便延长了食品的保质期。

在日常生活中，真空技术除了用于包装之外，还可用于灯泡的制作，防止灯丝被氧化，延长使用寿命。近年来，真空还用于衣物的包装，以节省空间。

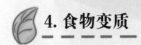

4. 食物变质

这本书中介绍了零食柜中的许多零食。这些零食如果保管不当，就会变质。那么，食物为什么会变质呢？

原来，食物中含有大量微生物，只要温度和湿度适宜，它们就会吸收食物中的营养素，迅速生长繁殖。微生物越多，向食物索取的营养就越多。最终，食物中的蛋白质被破坏，发出难闻的酸臭味，甚至还会长出不同颜色的毛，食物就变质了，不能再食用。

所以，可不要小瞧我们每天吃的食物，它们当中蕴含着很多科学知识，这叫作食品科学。科学无处不在，吃零食之前，别忘了看配方表与保质期呀！